我国海洋生态文明建设研究

Research on the Construction of Marine Ecological Civilization in China

鹿红　著

东北财经大学出版社　大连
Dongbei University of Finance & Economics Press

图书在版编目（CIP）数据

我国海洋生态文明建设研究 / 鹿红著. —大连：东北财经大学出版社，
2025.2. —ISBN 978-7-5654-5524-7

Ⅰ.X145

中国国家版本馆CIP数据核字第2025N80N28号

东北财经大学出版社出版发行

　　大连市黑石礁尖山街217号　邮政编码　116025

　　网　　址：http://www.dufep.cn

　　读者信箱：dufep@dufe.edu.cn

大连永盛印业有限公司印刷

幅面尺寸：170mm×240mm　　字数：180千字　印张：14.75　插页：1
2025年2月第1版　　　　　　2025年2月第1次印刷
责任编辑：孙　平　王　斌　　责任校对：那　欣
封面设计：原　皓　　　　　　版式设计：原　皓
定价：78.00元

教学支持　售后服务　　联系电话：(0411) 84710309
版权所有　侵权必究　　举报电话：(0411) 84710523
如有印装质量问题，请联系营销部：(0411) 84710711

前言

　　地球正在以前所未有的速度成为一个紧密相连的生态系统，人类正面临共同的生态挑战。因此，我们积极倡导全球所有国家和地区共同追求生态利益、承担生态责任、实现共建共治共享的"清洁美丽的世界"。当前，全球范围内的生态问题已经引起了广泛关注，各国都在积极采取措施加以应对。党的十七大报告中首次提出"生态文明"理念，并强调要使"生态文明观念在全社会牢固树立"。党的十八大报告强调"大力推进生态文明建设"，系统地论述了生态文明建设，将生态文明建设纳入"五位一体"总体布局。党的十九大报告以"加快生态文明体制改革，建设美丽中国"为题，将生态文明作为独立篇章进行论述，指出"建设生态文明是中华民族永续发展的千年大计"。党的二十大报告指出，"中国式现代化是人与自然和谐共生的现代化"，明确了我国新时代生态文明建设的战略任务，总基调是推动绿色发展，促进人与自然和谐共生。党的二十大报告在充分肯定生态文明建设成就的基础上，从统筹产业结构调整、污染治理、生态保护、应对气候变化等多元角度，全面系统阐述了我国持续推动生态文明建设的战略思路与方法，并对未来生态环境保护提出了一系列新观点、新要求、新方向和新部署。

21世纪是海洋世纪，海洋生态文明建设是我国生态文明建设的有机组成部分，将为海洋强国战略实施提供重要保障。借助共建"一带一路"倡议的逐步实施，中国式现代化的实现必然依靠海洋这个重要平台走向更深邃、更广袤的新领域，造福华夏民族乃至影响全人类。海洋生态文明建设是一项复杂的社会系统工程，要从政府规划、法治保障、科技引导和公众支持等多方面共同推进；要合理规划布局，加强政府领导和社会舆论的正确引导，加快生态改善步伐，确立依法治海格局；应学习借鉴国外先进发展经验，培养和引进高端技术人才，加强海洋教育和科技、金融投入，全方位、高标准地推进我国海洋生态文明建设，汇集各方力量和智慧，形成共促海洋生态文明的合力，全面推进生态繁荣、人海和谐的新局面。

本书在梳理了国内外关于海洋生态文明建设相关资料的基础上，根据学术界已形成的研究成果，结合我国现阶段实际进行分析和概括，从构建海洋生态文明意识、推动海洋生态文明行为、发展海洋生态文明产业、培育海洋生态文明道德观、健全海洋生态文明制度等五个方面入手，阐释我国海洋生态文明建设的价值意蕴和实践理路，旨在以习近平新时代中国特色社会主义思想为指导，系统地探索符合中国国情和现代发展规律的海洋生态文明建设路径。

本书较为系统地探索了现阶段我国海洋生态文明建设的具体对策。通过对我国海洋生态文明建设现状的考察分析，着重厘清了海洋生态文明建设面临的问题及其原因，并在结合当前国内外发展趋势的基础上，有针对性地提出通过强化全民海洋生态意识、推进海洋发展方式转变、提升海洋综合管理现代化水平、建立完善海洋生态文明建设评价指标体系、促进海洋生态国际合作等方式和途径推动我国海洋生态文明建设，从而助力我国海洋事业的健康、可持续发展。

从理论层面看，我国海洋生态文明建设概念的提出，有着特定的时代背景和具体的理论指导。本书尝试对相关概念进行了界定，分析了我国海洋生态文明建设的国内外环境，以此为背景，阐释了中国共产党人在经略海洋的实践探索中形成的中国化的海洋理论，剖析了马克思恩格斯的海洋思想、马克思恩格斯的生态自然观、可持续发展理论、中国共产党主要领导人的海洋生态思想。

通过对研究背景和理论依据的探析，本书对我国海洋生态文明建设的内容和特征进行了梳理归纳和概括总结，将海洋生态文明建设的主要内容归纳为五个方面，即构建海洋生态文明意识、推动海洋生态文明行为、发展海洋生态文明产业、培育海洋生态文明道德、健全海洋生态文明制度；将海洋生态文明建设的基本特征概括为四个方面，即开放性、整体性、协调性、持续性；同时以海洋生态文明建设的内容、特征为基点，提出我国海洋生态文明建设的四项基本原则，即以人为本原则、陆海统筹原则、政府主导原则、有序推进原则。

从实践层面上看，海洋生态文明建设是实现中国式现代化的题中之义。我国海洋生态文明建设是从海洋发展现状出发，在认识海洋、经略海洋的过程中所形成的符合时代发展特征的伟大实践。本书深入分析了海洋生态文明建设在社会主义现代化建设中的必要性和重要地位，并加以概括形成以下思想观点：海洋生态文明建设是生态文明建设的逻辑必然，是海洋强国战略实施的重要保障，是人海协调发展的迫切需要，是海洋绿色发展的根本出路，是海洋经济发展的保障支持。

从实践路径上分析，改革开放以来我国海洋事业迅速发展，海洋生态文明建设成果丰富，新兴海洋产业、海洋生态文明示范区、海洋生态制度规范等发展势头良好。但与此同时，也存在着海洋环境压力趋紧、海洋生境退化加剧、建设主体多元化不足、海洋监管体系不完善、评价指标体系缺位和海洋生态文明建设国际交流合作欠缺等问题。一系列生态环境问题，制约了海洋经济的健康发展，已成为沿海地区经济社会可持续发展的重大瓶颈。本书通过援引数据、个案分析等方式对我国海洋生态文明建设的现状进行了概况总结，特别是对现阶段我国海洋生态文明建设中存在的具体问题的成因进行了较为透彻的分析。

综上，本书对我国海洋生态文明建设进行了尝试性的探析，希望对新时代我国海洋生态文明建设乃至海洋强国战略贡献一点绵薄之力。海洋生态文明建设有序推进、海洋生态秩序良好是我国海洋事业持续健康发展的基础保障。通过对我国海洋生态文明建设现状的考察，尤其是在对相关问题进行深入分析的前提和基础上，本书提出：应通过强化全民海洋生态意识、推进海洋发展方式转变、提升海洋综合管理现代化水平、建立完善海洋生态文明建设评价指标体系、促进海洋生态国际合作等方式和途径，加快推进我国海洋生态文明建设步伐。

本书是辽宁省社会科学规划基金项目"习近平总书记关于生态文明建设重要论述研究"（L21CKS005）的研究成果。

鹿　红

2024年4月

于大连医科大学马克思主义学院

目录

1

导论

16世纪以来，人类文明的中心区域由亚洲转向欧洲，西方文明迅速超越东方文明，其转折点即为以新航路开辟为主导的海洋拓展开发。其后，海洋竞争逐步成为世界多数族群博弈的舞台，资本主义国家在对海洋资源的掠夺和开发过程中确立了延续至今的国际格局，可以说，得海洋者得天下。工业革命带来了生产力大发展，人类依靠海洋航行完成了对地球环境的基本认知，并不断地向海洋扩张以满足人类的物质需求。伴随科技的进步、人口的爆炸性增长以及陆地资源的耗尽，人们进一步加大了对海洋资源的开发力度。特别是二战后几十年来，人类对海洋的掠夺式开发呈现出无序、无度、无偿的态势，导致一些地区海洋生态危机骤至，危及国民生产生活的各个方面。与此同时，海洋作为人类的"第二生存空间"，是继陆地之后最重要的资源宝库和发展平台，未来国家竞争的主战场就在海洋。因此，研究建设我国海洋生态文明正当其时。

1.1 研究背景及研究意义

海洋是国家的"蓝色国土"，是我国领土构成中不可或缺的一部分。我国的海岸线北起辽宁省的鸭绿江口，南到广西壮族自治区的北仑河口，大陆海岸线绵延18 000千米，长度位列世界第四。加之海岸线周围12海里的领海以及200海里范围内的经济专属区，300多万平方千米的广阔海洋蕴含着巨量的资源财富，是我国经济社会发展的重要战略支撑。全面、深入和系统的海洋生态领域相关理论研究，对我国海洋强国战略的实施具有重要的现实意义和理论价值。2012年2月，国家海洋局发布了《关于开展"海洋生态文明示范区"建设工作的意见》，这是我国海洋生态文明建设重要的指导性和纲领性文件。同年4月，全国海洋生态文明示范区在广东省创建，这是我国沿海省市正式启动的第一个省级海洋生态文明示范区。时任国家海洋局局长刘赐贵于2012年6月7日在《人民日报》上发表了题为《加强海洋生态文明建设 促进海洋经济可持续发展》的署名文章，进一步详细阐述了海洋生态文明建设的重大意义、总体思路和重点任务，这对我国的生态文明建设具有重要的指导作用。2012年9月底，国家海洋局印发了《海洋生态文明示范区建设管理暂行办法》和《海洋生态文明示范区建设指标体系（试行）》，形成了国家级海洋生态文明示范区的申报、建设、考核、验收和管理办法，产生了包括海洋经济健康发展、海洋资源合理利用、海洋生态秩序良好和海洋管理保障规范等方面的具体实施细则和指标，大大推进了我国海洋生态文明建设实践进程。2021年以来，随着《中华人民共和国国民经济和社会发展第十四个五年规划和2035年远景目标纲要》的发布，沿海十余个省级行政单位出台了海洋经济发展"十四五"规划、海洋生态环境保护"十四五"规划。我国在海洋生态文明建设进程中迈出新步伐，取得新进展。

1.1.1 研究背景

（1）生态文明建设的背景

人类文明史在一定程度上就是一部人与自然的关系史。人与人、人与自然相互交流、相互影响、相互作用，在利用和改造自然的过程中产生了人类文明并不断推进其发展演变。人与自然的关系并非亘古不变，而是呈现出螺旋式上升结构，不断地产生和谐，再到彼此变化从而打破原有和谐，继而又形成新的和谐的过程。人类文明的发展历程，按照生产力水平可以依次分为原始文明、农业文明、工业文明、后工业文明，逐渐过渡到生态文明阶段。从时间上看，人类历经了石器时代、农耕时期、工业革命，到目前全球化的互联网时代，人类活动对自然的影响力越来越大，对人与自然关系的认知也更加深刻。恩格斯在分析了美索不达米亚文明消亡的案例后警醒人类："我们不要过分陶醉于我们人类对自然界的胜利。对于每一次这样的胜利，自然界都对我们进行报复。"人们已经认识到长期以来高消耗、重污染、粗排放下混乱的经济增长模式造成了对自然资源的掠夺式开发和生态环境的破坏，自然界中越来越多的生态危机和环境灾害用事实告诫和警醒人们必须平衡经济发展与生态环境的关系。因此，较前几个文明阶段更加智慧的生态文明应运而生。"生态文明"这一概念的提出，最早可追溯至1962年美国科普作家蕾切尔·卡逊《寂静的春天》一书的问世。书中指出："生态文明是人类为保护和建设美好生态环境而取得的物质成果、精神成果和制度成果的总和，是人类文明发展的新阶段，代表更完善的人与自然、人与社会和人与人的生态关系。"①因此，人类的生态文明是贯穿于经济建设、政治建设、文化建设、社会建设全过程和人类进程的各个方面的系统工程，反映了人类对于经济发展和生态环境辩证关系的思考以及一个社会的文明程度。

新中国成立以来，特别是改革开放以来，党和政府的执政理念发生了深刻变革。党的十七大报告在强调继续坚持经济建设、政治建设、文化建设、社会建设的基础上，首次提出要推进我国社会主义生态文明建设的内容。"随着我国对人与自然关系的认识不断深化，我国政府先后提出了一系列解决资源、环境问题的战略思想，作出了一系列相关部署。"②在此基础上，党的十八大报告更加系统、立体、完整地提出了我国生态文明建设的战略任务，将生态文明建设纳入我国社会主义现代化"五位一体"总体布局。2013年11月，党的十八届三中全会进一步提出，我国生态文明建设必须建立系统完整的生态

---

① 杨桂芳. 生态文明内涵分析 [J]. 生态经济，2010（12）：185-188.
② 温宗国. 可持续生产和消费促进国家生态文明建设的机制与方案研究 [D]. 北京：清华大学环境学院，2015：5.

文明制度体系，严格制定和执行各类生态保障制度，实行最严格的源头保护制度、损害赔偿制度、责任追究制度，完善环境治理和生态修复制度，以制度约束和规范生产活动，用制度保护生态环境。党的十九大报告指出："坚持人与自然和谐共生。建设生态文明是中华民族永续发展的千年大计。"海洋生态文明建设是我国生态文明建设的有机组成部分，为海洋强国战略实施提供重要保障。在2023年全国生态环境保护大会上，习近平总书记提出了"四个重大转变"和"五个重大关系"，进一步深化和拓展了对生态文明建设的规律性认识。2024年政府工作报告提出："加强生态文明建设，推进绿色低碳发展。深入践行绿水青山就是金山银山的理念，协同推进降碳、减污、扩绿、增长，建设人与自然和谐共生的美丽中国。"可以看出，生态文明建设与我们党一贯倡导和追求的理念是一脉相承的，是我们党适应时代变化的新的理论成果，是中国特色社会主义理论体系在解决生态环境问题上的新概括和再升华。我们党在生态文明建设中的每一次探索，都是对人类文明的重要贡献，它不仅符合全体中国人民的最根本利益，也是我国实施"一带一路"伟大倡议、带动周边国家发展的重要保障。

（2）海洋生态文明是生态文明的组成部分

全球海洋的总面积约为3.6亿平方千米，70.8%的地球表面被海水所覆盖；海洋中含有13.5亿多立方千米的水，约占地球上总水量的97%。浩瀚的海洋蕴藏万物并与陆地紧密相连，与人类生存发展休戚相关。海洋是生命的摇篮，是资源的宝库，是智慧的源泉。人类对于海洋的认识始于生命的起源，对于海洋的利用伴随着人类社会的发展不断前进。进入21世纪以来，伴随着科技进步和陆地资源紧缩，海洋的作用日益突出。多数国家都已经深刻意识到海洋作为各国新兴战略产业发展、生存空间扩展和对外贸易通道的重要性，海洋生态文明将在很大程度上决定人类生态文明的未来。海洋生态系统是我国生态系统的有机组成部分，只有将海洋生态文明建设纳入到生态文明建设总体战略中来，才能真正实现我国社会主义生态文明建设系统性、全面性。党的二十大以来，国家层面对我国海洋生态文明建设提出了新的更高要求。党的二十大报告提出："发展海洋经济，保护海洋生态环境，加快建设海洋强国。"《中共中央 国务院关于加快推进生态文明建设的意见》和《水污染防治行动计划》从提高海洋空间利用率、集约开发海洋资源、保护海洋生态环境、完善海洋管理制度建设等方面对海洋生态文明建设作出系统部署。《生态文明体制改革总体方案》明确指出要完善海域海岛有偿使用制度、健全海洋资源开发保护制度等。在国际经济政治形势快速变化、我国经济改革进入攻坚阶段的关键时期，振兴海洋事业是解决资源环境紧张、贸易竞争加剧、生态环境恶化等现实问题的有力抓手。把握住转瞬即逝的时代契机，以海洋生态文明建设为实践方向，努力实现由海洋大国到海洋强国的突破，向中华民族伟大复兴的中国梦不断迈进。

（3）国内外强化海洋发展的具体实践

在人类历史发展的进程中，海洋与人类的命运是紧密联系在一起的。"向海而兴，背海而衰"，被历史反复地验证。葡萄牙、西班牙、英国、荷兰等西方国家的崛起就是向海而兴的最好例子。15至17世纪，随着新航路的开辟，葡萄牙、西班牙等早期殖民国家通过殖民扩张，攫取了大量的资源财富，逐步确立了长期的海上霸权。其他殖民国家从中看到了商业利益，纷纷进军海洋，并带动工业和制造业进一步发展，到大航海时代后期，海洋霸主地位从西班牙、葡萄牙手中转移到英国、荷兰等新兴海洋国家。西方国家充分利用海洋这一重要资源，不断迈出征服世界的脚步，先后成为海洋强国乃至世界经济强国，资本主义制度也在这个过程中不断蔓延，将世界联系在了一起，这一格局也基本延续至今。纵观世界发展，涉海国家的强盛都离不开海洋，海洋既是国家安全的屏障，也是促进经济发展的重要依托。

21世纪被视为海洋世纪，未来世界的执牛耳者必为得海洋之力的民族。从各国海洋生态文明的实践来看，沿海各国尽管海洋管理模式不同，但总的发展趋势都是侧重综合管理，建立高层次海洋管理协调机制来保障海洋管理事务的有效实施；建立健全法律法规，形成较为完整的海洋法律体系，如澳大利亚在海洋领域已经建立了600多部与海洋有关的法律制度；调整和完善海洋规划体系，如韩国从20世纪90年代到21世纪，数次更新其海洋发展战略，制定近期和远期发展目标；加强海洋科技创新，各国无论是研究方法还是研究人员都要求趋向多学科的交叉、渗透和融合，研究手段也日益立体化、信息化；加大财政投入力度，如美国的《2000年海洋法》中对政府财政拨款、信托基金等金融政策支持海洋发展作出了明确的规划。

探索海洋、经略海洋从来都是我国国家战略中最为重要的组成部分之一。新中国成立以来，特别是改革开放以来，我们党不断探索适应时代发展的海洋发展战略，取得了骄人成绩。当前，全方位崛起的中华民族正处于海洋事业发展的又一个高峰。但我国的海洋生态文明建设起步较晚、基础相对薄弱，目前面临海洋生态环境恶化、生物多样性骤减、海洋管理体系缺失、人才资源紧张和产业结构落后等诸多问题。良性、健康的海洋生态文明体系是海洋强国战略实施的基本条件。提高中华民族依法治海观念，维护海洋生态体系这一重要发展基础，构建人海和谐、海陆共进的海洋产业发展模式是科学严谨地研究中国海洋问题、突破海洋产业发展困境、建设新世纪海洋强国的必经之路。坚持人与自然生命共同体的理念，以科技创新为先导，以海洋生态文明制度体系为保障，建立健全海洋法律法规，发展蓝色海洋产业，拓宽海上丝绸之路经济带，给中国以及寻求发展的沿途各国带来更加紧密的经济联系和更加广阔的发展机遇。

1.1.2 研究意义

在中华民族伟大复兴的历史进程中，深入研究和探讨海洋生态文明建设，对实现中华民族永续发展具有重大的理论和实践意义。

（1）海洋生态文明建设的理论意义

一是丰富生态文明建设理论。海洋生态文明建设必须要有科学的理论支撑。我国开发利用海洋的过程，就是丰富和发展生态文明理论的过程，就是科学发展、绿色发展、可持续发展在海洋领域的具体实践。目前学术界对生态文明的研究如火如荼，相关研究成果也颇丰，但细化到海洋生态领域的研究则相对匮乏，特别是马克思主义海洋观、海洋生态文明建设相关理论研究成果还比较少。本书对马克思主义海洋观做了较为详细的阐释，论述了海洋生态文明的理论基础，这一研究对丰富我国生态文明建设具有一定的理论突破。

二是丰富中国特色社会主义理论体系。中国共产党人在社会主义现代化的实践探索中不断总结历史经验，创造性地将马克思主义理论与中国的具体实际相结合，形成了具有中国特色的社会主义理论体系。这一理论体系是在新时期、新阶段对马克思列宁主义、毛泽东思想的坚持和发展，凝结了几代中国共产党人带领人民不懈探索实践的智慧和心血，完成了马克思主义中国化的第二次历史飞跃，对于夺取全面建成小康社会新胜利，谱写人民美好生活新篇章，实现中华民族伟大复兴的中国梦，具有重大而深远的历史意义。该理论体系是不断发展和开放的理论体系，吸收借鉴了人类社会所创造的一切文明成果。走什么样的发展道路以及如何走得更快更稳更好，这是中国特色社会主义理论体系要解决的首要问题，也是当前我国全面建成小康社会伟大目标实现在即、经济发展进入新常态之后我党工作的关键所在。在新的历史时期，加强海洋生态文明建设就是丰富和发展中国特色社会主义理论体系的过程，本课题的研究必将进一步丰富这一理论，从而更好地指导实践。

三是拓宽了研究视野，搭建了研究平台。海洋联结世界多数国家和地区，世界上70%以上的人口生活在沿海地区，近代以来的世界史就是一部各国争相开拓海疆的历史。沙皇俄国的版图从欧洲延伸至亚洲，主要目标就是拥有自己的深水不冻港。近代以来的资本主义强国通常都是依靠航海技术和海战实力在海洋争夺中占据优势的国家。历史上，西方文明的发展很大程度上得益于对海洋文化的重视，例如古希腊哲学家狄米斯·托克利认为："谁控制了海洋，谁就控制了一切。"21世纪以来，海洋愈发受到世界各国的重视，我国党和政府也将海洋问题上升到了国家的高度，放到了国家总体布局之中。在此背景下，学术界专家学者对海洋问题的探索研究也在不断升温。但国内学者的研究主要集中于海洋生态文明在某一领域的具体问题，这些研究从某些角度和不同侧面丰富了我国海洋生态文明建设理论体系，为研究形成了基础，但尚未从总体上和宏观上对海洋生态文明建设进行集中论述和阐释，总体而言，我国海洋生态文明建设研究仍然未形成系统完整的理论体系。

（2）海洋生态文明建设的实践意义

一是促进海洋事业发展。21世纪是海洋的世纪，海洋作为人类可持续发展的最广阔舞台，日益受到各国的重视。我国的经济社会发展离不开海洋，创新驱动海洋强国战略更需要科学完备的海洋规划。历史上，因为统治者缺乏海洋意识和缺少海洋战略给国家和民族带来了深重的灾难。近年来，我国综合实力不断攀升，国际影响力大大提高，但海洋事业的发展特别是现代化海洋观念尚未全面普及，长期重陆轻海的思想禁锢着我国海洋事业的步伐，造成了陆海发展的不协调，束缚了海洋科技发展和海洋产业振兴。随着改革开放的不断深化，我国在世界贸易活动中的参与度逐年提高，通过海洋所获取的资源、权益也与日俱增，对海洋资源的依赖也达到了前所未有的程度。同时，对海洋生态的破坏也触目惊心。目前的海洋环境和海洋灾害问题都处在历史上最严峻的时期。海洋生态安全的缺失，将给我们的事业和子孙后代带来不可估量的损失。中国作为拥有广袤海域的大国，长时间内海洋战略、海洋意识和海洋观念等却落后于世界强国。愈加严重的资源紧张和逐渐抬头的贸易保护主义都在不断提醒我们，海洋越来越关乎中华民族的国计民生。我们必须高度重视海洋生态状况对于民族国家的战略意义。只有全方位、高标准地全面推动海洋生态文明建设，合理布局和拓展海洋生存空间，持续高效地发展海洋经济，才能确保海洋事业健康发展，为建设海洋强国提供基础保障。

二是推进生态文明建设。在世界政治经济格局发生深刻变化，改革开放进入攻坚阶段的关键时期，我国如何汲取发达资本主义国家工业化进程中的经验和教训，走出一条符合我国国情的、跨越式发展的文明富强之路是我们亟须解决的重大课题。在我国这样一个人均资源严重匮乏的国家，寻求人类社会与资源、环境的和谐共生，是对我国经济社会的发展提出的新的更高要求。通过近几十年的发展，我国的生态文明建设成效卓著，取得了一系列丰硕成果。海洋在国家战略中具有举足轻重的地位，海洋生态文明建设作为生态文明建设的有机组成部分，是对生态文明理论的充实和完善，体现了生态文明本身的包容性和协调性，关系到我国的海洋强国建设。海洋生态文明建设是党在新时期总结历史经验、顺应时代发展潮流而作出的重大决策部署，是实现经济社会可持续发展的必然要求。本书系统归纳总结了我国海洋生态文明建设的主要内容和基本特征，阐释了海洋生态文明建设的必要性，并针对目前存在的海洋生态问题，结合先进地区发展经验，提出了适合我国国情的海洋生态文明建设路径。希冀为我国海洋生态文明建设贡献绵薄之力。

三是助力"一带一路"建设，向世界传递中华文明。近代以来，统治者海洋意识的落后、海洋事业发展的迟滞、政策封闭以及传统陆地文化的压抑，使得海洋文明在中华民族的整体文明发展中一直处于弱势，长期无人过问。中华人民共和国成立以来，系统、全面地开展海洋文明研究的呼声日益高涨，受到党和国家高度重视。改革开放以来，国民逐渐意识到海洋文化将对未来我国综合国力的提升产生深远的影响，并且海洋生态在激烈的国家竞争中发挥关键的支撑作用和保障作用，甚至可以起到决定全局的作用。塑造适宜的、合理的当代中国海洋文明对中国的海洋战略的制定以及综合国力的提升是不可或缺的，同时，这也是当代文明的一个自觉过程。作为一条促进共同发展、实现共同繁荣的合作共赢之路，自2013年习近平总书记提出共建"一带一路"倡议以来，通过我国与国际社会持续努力，"一带一路"建设已经为"一带一路"合作伙伴带来了丰富的发展红利，成为共建国家开放合作的宏大经济愿景。海上丝绸之路作为我们向外传递声音的重要窗口，是我国未来发展战略的重要组成部分，也是实现伟大复兴的中国梦的重要途径。在中华文明的历程中，始终闪烁着蓝色的光芒。随着海洋经济的发展、海洋文化的繁荣、海洋文明的崛起，海洋将是我国与世界各国交流合作的重要窗口；但是，伴随海洋高速发展而来的是对海洋资源和生态的巨大破坏。从陆地国土形势的紧迫性看，能源危机与资源短缺是世界多数国家面临的危机。以加强海洋生态文明建设为保障，将资源基础从陆地转移至海洋，已经成为世界各沿海国家的重要国家战略。

1.2 国内外研究综述

近年来针对海洋所展开的一系列理论与实践研究成为国内外学者关注的焦点，海洋生态文明建设相关研究逐渐成为学术界研究的热点论题。"十三五"规划纲要提出，要坚持陆海统筹，发展海洋经济，科学开发海洋资源，保护海洋生态环境，维护海洋权益，建设海洋强国。2022年1月，生态环境部、发展改革委、自然资源部、交通运输部、农业农村部、中国海警局联合印发《"十四五"海洋生态环境保护规划》，对"十四五"期间海洋生态环境保护工作作出了统筹谋划和具体部署。在我国建设海洋强国的关键时期，海洋生态文明建设的学术研究价值和实践指导意义显而易见。国内外学者围绕我国海洋生态文明建设所取得的一系列研究成果，虽然还相对零散，但为本书的研究提供了重要的借鉴。

1.2.1 国内研究综述

随着海洋强国战略的逐步实施，我国海洋领域的科研成果不断涌现，海洋生态文明建设方面的研究有渐成显学的趋势。这一论题包含了多个研究热点，从现有文献的研究视角、研究内容和研究特点来看，不同专业的专家学者在海洋生态文明建设研究方面都各有侧重。本人尝试分解主题，从现有研究成果中梳理出较具有代表性的学术成果加以分析总结，以期有助于本书的写作。

（1）关于海洋文明与海洋文化的研究

我国学界对海洋文明和海洋文化的认识和研究可追溯至上世纪初引进社会科学理论时期。从已有的研究成果来看，学界的争论点主要集中于中国是否有海洋文明、海洋文明是否是中华文明的有机组成部分。这是两种针锋相对的观点，两种观点的冲突在哲学层面和实践指导价值方面都具有重要影响。其中，杨国桢教授认为：中国不仅是大陆国家，同时也是海洋国家，在5 000年的历史发展过程中，陆地与海洋共同塑造了中华民族的品格，因此中华文明具备陆地与海洋双重性格。中国海洋文明存在于海陆一体的结构中。中华文明是多元一体的文明共同体，长期以农业文明为主体，但同时包容游牧文明和海洋文明。海洋文明作为中华文明的源头之一和重要组成部分，与大陆文明之间并不是非此即彼的对立关系。在现阶段提倡弘扬海洋文明就是挖掘本民族的文明资源和传统，充分吸收和借鉴其丰富内涵和精髓，为实现中华文明的现代化转型升级提供内在的文化原动力。学者曲金良在《西方海洋文明千年兴衰历史考察》中指出，我们所说的"海洋文明"，只能是根据简单要素和标准粗略地进行"归类"，即只要海洋元素对这个文明体或者文化区域起到了重要的作用，都可以称其为由诸多"海洋文化"现象构成的"海洋文明。"[①]另外，从现实主义角度出发，学者王义桅认为：中华民族要实现伟大复兴，必须依靠海上力量的崛起，中国自古就有海洋文明的基因，只是这种基因被长期以来的重陆轻海思想所压制，中国要想实现文明转型，需要从内陆文明实现向海洋文明的跨越。这种观点更多地强调了海洋文明对我国发展壮大的现实意义。学者张祥建从海洋文明的实际用途和其特点或者说是与陆地文明的不同点出发认为："海洋文明是指依赖于海洋进行商品生产和交换所形成的文化观念和形态，表现为商品意识、开放意识、自然科学意识、货币意识等，并崇尚自由的天性、竞争冒险意识和开创精神。海洋文明并不是说一定要在地理上临近海洋，而是这种

---

① 曲金良. 西方海洋文明千年兴衰历史考察 [J]. 人民论坛·学术前沿，2012 (7)：61-77.

文明的内核具有变化性和流动性的特点。"①

　　而学者邓红风的观点则不同，他从文明发展的程度和海洋要素的参与度两个方向来共同定义海洋文明："一种海洋文明之所以能称为海洋文明，一是它要领先于人类社会的发展，二是这种领先主要得益于海洋文化，两者缺一不可"，从而得出结论，虽然中国自古海域辽阔，海岸线漫长，沿海地区也产生了丰富多彩的海洋文化，以海洋为客体的实践活动也由来已久，但囿于其影响程度远逊于陆地因素，因此算不上海洋文明。学者刘云超也认为："大陆文明与海洋文明代表着人类文明两个不同的发展阶段与发展水平，孕育着完全不同的社会经济形态，并深刻地影响着人类历史的进程。"②

　　海洋文明在中华文明中的历史地位问题由来已久，以上学者、专家的研究与理论分析对于全面理解中华文明具有重要参考价值，也有助于进一步解释我国海洋生态文明建设的必要性和合理性，对于我国海洋生态文明建设的理论研究具有一定指导意义。

　　目前，学术界对海洋文化的界定，大多是在对文化概念的界定及类型分析基础之上进行的。按照不同的划分方式，可以把海洋文化分为广义文化与狭义文化、器物文化与制度文化、精神文化与物质文化等。知名学者张开城从人与自然关系的角度出发，认为海洋文化是人与海洋互动和关联所形成的产物，是人类文化体系中的海洋元素部分。"人"和"海"是构成海洋文化的两个最基本的要素，人类的涉海生产和生活实践活动形成了海洋的"人化"，人类对海洋的认识和实践过程，也是海洋文化生发的过程。③海洋文化的发生、发展具有其规律性和客观性，这些特性附属于人类改造海洋的实践活动的不断

　　① 张祥建. 海洋文明和大陆文明的融合："一带一路"下的中国大战略 [J]. 社会科学家，2016（11）：14-19.
　　② 刘云超. 从东方文明到西方文明 [J]. 走向世界，2009（13）：56-60.
　　③ 张开城. 海洋文化产业及结构 [M] //张开城，徐质斌. 海洋文化与海洋文化产业研究. 北京：海洋出版社，2008：86.

增加，因此，学者曲金良认为，"海洋文化是人类对海洋的认识、利用和因有海洋而创造出来的精神的、行为的、社会的和物质的文明生活内涵。探究海洋文化，其本质是人类与海洋互动所产生的一系列关系及产物。"[1]随着人类对海洋的了解不断加深，海洋文化也在不断发展。学者朱建君指出："人类海洋文化在历史上已经经历过三次版本更新，当前我国的海洋生态文明建设体现了世界海洋文化向生态转向的最新理论和实践成果，为海洋文化走向版本升级提供了历史性契机。"[2]

（2）关于海洋生态文化的研究

海洋生态文化也是最近几年出现的新概念，相比海洋文化和海洋文明，海洋生态文化的研究相对匮乏，研究处于起步阶段，整体上热度不高。按照研究内容的不同，大致可以分为以下几类：

第一，关于如何界定海洋生态文化的研究。学者叶冬娜以生态文化的定义为基础，认为海洋生态文化可以从广义和狭义两方面来理解，从广义上看，"海洋生态文化是人与海洋和谐发展的一种生存方式，是海洋生态文明建设过程中的物质与精神财富的总和"。从狭义上看，"海洋生态文化包括海洋生态文明的价值观，以及以生态价值观为指导的物质、精神、制度上的成果。"[3]学者欧玲将海洋生态文化定义为："海洋生态文化是指人类在利用海洋与海岸带资源的实践过程中保护生态环境、追求生态平衡所形成的一切文化成果。"[4]与叶冬娜关于海洋生态文化狭义的理解类似，学者张丽旭将其概括为："海洋生态文化涵盖人类与海洋生态有关的认识和创造，包括器物、

---

① 曲金良. 中国海洋文化研究 [M]. 北京：海洋出版社，2002：134.
② 朱建君. 海洋文化的生态转向与话语表达 [J]. 太平洋学报，2016（10）：80-91.
③ 叶冬娜. 海洋生态文化观的哲学解读 [J]. 淮海工学院学报（社会科学版），2014，12（3）：26-29.
④ 欧玲. 海洋生态文化建设初探：以厦门为例 [D]. 厦门：国家海洋局第三海洋研究所，2013：45-46.

海洋生态制度和精神创造，如造船、航海、海运、捕鱼、养殖、制盐等与海洋生态环境的关系，以及有关海洋生态的神话、民俗和海洋科学等。人类适应海洋、利用海洋、保护海洋的过程，就是海洋生态文化逐步形成的过程。"[1]

第二，关于海洋生态文化建设意义的研究。学者李茜认为：海洋生态文化是人们在适应海洋生态环境变化的过程中形成的，海洋生态文明的发展需要海洋生态文化的建设。[2]学者刘勇、刘秀香指出，"海洋生态文化坚持整体的、有机的自然观，坚持人与海洋之间的共生共荣、协同发展的认识论，坚持以生态学方式化解海洋生态危机的科学思维方法论，坚持尊重海洋生命价值和海洋生存、发展权利的伦理观，坚持遵循自然规律开发利用海洋资源和保护海洋生态环境的实践论"。[3]

（3）关于海洋生态文明建设的研究

对海洋生态文明建设进行研究，就不得不提生态文明建设。近年来，我国生态环境形势愈加严峻，生态文明相关研究已经成为国内外学术界关注的热点论题，也取得了丰硕的理论和实践成果。国外虽然在生态保护、生态制度建设等方面起步较早，但国外学者基本很少直接使用生态文明这一概念，大多都是提出与之相关的思想或观点。国内学术界在努力引进国外学术研究成果的同时，立足中国国情，纷纷提出弘扬生态文化、建设生态文明的问题，并在理论和实践层面做了一些有价值的探索。就生态文明的理论探讨而言，学者们结合各自的学科背景、理论视野，在生态文明的概念界定、特征以及生态文明在中国特色社会主义文明体系中的地位等方面提出了许多颇有见解的观

① 张丽旭. 中国海洋文化发展历程与海洋文化成就概述［M］//国家海洋局直属机关党委办公室. 中国海洋文化论文选编. 北京：海洋出版社，2008：169.
② 李茜. 珠海海洋生态文化建设思考［J］. 珠江论丛，2017（1）：167-177.
③ 刘勇，刘秀香. 对我国海洋生态文化建设问题的思考［J］. 福建江夏学院学报，2013（4）：81-86.

点。就生态文明的实践路径而言，学术界主要从生态经济建设、生态政治建设、生态文化建设、生态社会建设、生态环境建设等方面提出了系统性的路径框架。同时作为生态文明建设的关键技术，指标体系构建成为近年来学者们研究的重要领域，学者们纷纷从生态环境保护、经济发展、社会进步、生态环保意识等方面构建生态文明指标体系。由于文献、研究均比较成熟，且海洋生态文明建设是我国生态文明建设的组成部分，本书在此不再赘述。

虽然我国陆域生态文明建设相关理论和实践研究已经趋于成熟和完善，但是涉及海洋领域的研究还比较匮乏，海洋生态文明建设研究是最近几年才新兴起来的学科，目前有影响力和权威性的学术成果还并不多，这种研究的缺失和不足也是本选题的重要原因。综合目前现有的文献资料，业内专家学者主要从经济管理、海洋环境、社会发展、公共管理、哲学理论等不同角度展开的研究分析，为本书的写作提供了一定的借鉴。

著作方面，目前国内海洋生态文明方面的著作数量不多，但大多数著作研究内容贴近社会现实诉求、研究成果具有较高的参考价值和实践指导意义。按照研究内容及方向的不同大致可以分为以下几类：

第一，关于海洋生态环境治理方面的研究。生态环境治理是海洋生态文明建设重要组成部分。王茂剑所著的《海洋生态环境状况与综合管控——以山东省为例》统计分析了 2010 年至 2014 年这五年间山东省海洋生态环境监测数据，客观总结和评价了山东省海洋生态环境的变化趋势，提出海洋生态环境综合管控措施，开展海洋生态环境修复和保护等相关工作。中国海洋可持续发展的生态环境问题与政策研究课题组所著的《中国海洋可持续发展的生态环境问题与政策研究》以影响中国海洋可持续发展的重大海洋生态环境问题为重点研究内容，以渤海为重点研究区域，论述中国海洋可持续发展的生态环境问题及对策建议。学者陈克亮等著的《中国海洋生态补偿制度建设》一书中阐述建立和完善海洋生态补偿制度是我国海洋生态文明建设的重要内容,是制度文明建设在海洋生态领域的具体落实,是贯彻国家和中央方针政策的现实需要。另外,《海洋生态环境状况与综合管控——以山东省为例》《中国海洋可持续发展的生态环境问题与政策研究》《中国海洋生态补偿制度建设》等著作略有涉及。

第二,关于我国海洋生态文明制度体系建设方面的研究。比如,关道明等著的《海洋生态文明建设及制度体系研究》一书,以分析当前海洋生态环境和海洋管理状况为切入点,总结"十五"以来海洋生态环境的压力状况和海洋管理方面遇到的形势任务,研究海洋生态文明的思维理路,构建系统、完整的海洋生态文明制度体系框架,并提出"十三五"期间海洋生态文明建设的总体布局和重点任务。高艳所著《海洋生态文明视域下的海洋综合管理研究》对基于海洋生态系统的海洋综合管理的内涵、原则、特点、国内外实施情况及我国实施中存在的问题进行了研究,分析了基于海洋生态系统的海洋综合管理实施所面临的主要困境;通过博弈分析,重点从海洋生态文明建设的角度出发,对我国海洋综合管理提出发展方向和策略措施,对于实现我国海洋生态监管体系的现代化具有参考借鉴意义。郑苗壮等编著的《中国海洋生态文明建设研究》分析总结了我国沿海多个地区的海洋经济发展"十四五"规划和全面开展海洋保护区生态环境修复的做法。党的二十大报告指出"积极参与应对气候变化全球治理"。这表明了生态文明建设辐射影响力不仅仅体现在国内,而且对我国提高全球应对气候变化治理能力与水平提出了明确要求。

第三,关于我国海洋生态文明建设综合性的研究。比如,袁红英、李广杰等编著的《海洋生态文明建设研究》一书,在深入研究和阐释海洋生态文明的内涵与特征、海洋生态文明建设重大意义的基础上，借鉴先进国家和地区海洋生态文明建设的实践经验，特别是针对山东半岛蓝色经济区建设的经验和对策加以缜密分析和预设，对我国海洋生态文明建设的重点工作和关键环节进行了深入细致的探讨，为推进我国海洋生态文明建设提供了较为清晰的思路与对策。

从研究文献的学科类别来看，关于海洋生态文明的研究涉及法学、海洋学、社会学、环境科学、经济学等在内的自然科学和社会科学。且多集中在海洋学和环境科学，这二者所占比例高达50%以上，在人文科学特别是哲学、法学领域，海洋生态文明建设方面的文献数量较少。

从研究内容来看，现有的学术成果主要是理论基础研究、区域或者个案分析以及实践对策研究。具体体现在如下几个方面：

一是关于我国海洋生态文明建设意义的研究。有部分学者研究的主要方向是对我国海洋生态文明建设的伦理基础、思想意识层面进行解读，从而提高全社会对本论题的重视程度。张永刚等（2013）解读传统哲学思想中所包含的处世规范与价值准则，阐述经济发展、科技进步与海洋生态文明之间在哲学意义上的关联，从哲学视角推动人与海洋关系的重新建构。他认为要实现人与海洋的和谐共生，必须在哲学层面理解并尊重海洋作为人在自然界中的同伴的平等地位，用人格化的海洋代替长期以来被物化的海洋，尊重甚至敬畏海洋在哺育人类文明成长进步过程中的重要作用。学者黄家庆认为建设海洋生态文明是可持续发展得以实现的重要前提，他指出"以人与海洋和谐共处为主要内容的可持续发展，只有以海洋生态文明建设为前提和保障，即通过海洋生态文明建设，确立人们的海洋生态文明意识，并使之成为自觉的行为，才有可能实现"①。

① 黄家庆，林加全. 基于生态伦理视阈的广西海洋生态文明构建——生态伦理视角下广西海洋文化发展研究之二 [J]. 广西社会科学，2013（6）：46-49

还有一部分专家学者着重从实践层面对海洋生态文明建设的意义进行解读和阐释。如学者罗新颖从现阶段我国经济结构改革和海洋强国建设的具体实践价值与现实意义的角度出发，认为"海洋生态文明建设是转变海洋经济发展方式的题中要义，是支撑沿海可持续发展的必然选择，是构建海洋强国的重要载体"[①]。学者王丹（2014）将海洋生态文明建设的重要意义归结为四个方面，指出海洋生态文明建设对破解海洋生态环境危机、实施海洋强国战略、发展海洋经济、促进人与海洋和谐发展方面具有重大的现实意义。

二是关于海洋生态文明建设路径选择的研究。这部分研究涉及专业领域较多，不同研究视角的专家学者其结论的侧重点也不尽相同。主要观点可以分为三类：

其一，部分学者认为经济基础决定上层建筑，只有充分发展海洋生产力，提升海洋生态产业水平，才能有足够能力建设海洋生态文明。比如，赵昕等学者的《创新驱动发展战略下海洋生态文明建设的实现路径》一文从理论创新、制度创新、科技创新和文化创新四个维度阐述了创新驱动发展战略的内涵，强调经济新常态下的海洋生态文明建设离不开经济产业发展提供的契机和支撑，分析了其对海洋生态文明建设的作用，在此基础上，提出从"建立完善的海洋理论、健全海洋法律体系、转变经济增长方式、增强公众海洋意识等方面加强海洋生态文明建设"[②]。

其二，另外有学者认为应以海洋生态环境的优化特别是社会生态理念的增强为保障，引导经济发展方式的转型，进而推动海洋生态文明的实现。比如，学者郭见昌阐述道："我国的海洋生态文明建设，应加强宣传引导，增强海洋生态文明理念；优化产业结构，推进经济

---

① 罗新颖. 加强海洋生态文明建设的若干思考 [J]. 发展研究，2015（4）：77-80.
② 赵昕，朱连磊，丁黎黎. 创新驱动发展战略下海洋生态文明建设的实现路径 [J]. 海洋经济，2017，7（1）：46-54.

发展方式转变；坚持陆海统筹，科学利用海洋空间；实施科技兴海，加大海洋环境保护力度。"①学者张更农认为："海洋生态文明建设应尽最大可能提高公众的参与度，让公众在参与中学习、在参与中提高、在参与中影响更大的人群，海洋生态文明的基础才能更牢靠、更坚固。"②

其三，还有一批学者倾向于以政府干预为主导的全面推进，从加强管理体系建设、加大财政投入、严格绩效考核等方面入手，强势扭转目前我国的海洋生态困境。比如袁景雪认为"政府在整个海洋生态环境治理过程中肩负着重要的责任和使命，是整个环节中的枢纽。"③孙倩等在《海洋生态文明绩效评价指标体系构建》中提出："海洋生态文明绩效评价是对海洋生态文明建设进行管理和监督的必然手段，沿海地区要把海洋生态文明纳入生态文明中，继而让生态文明同经济增长、经济效益、社会进步与人民生活等一起纳入政府管理工作中，作为政府绩效考核的指标，最终实现建设海洋生态文明的目的。"④

三是关于沿海地区示范区创建的研究。有部分学者着重从海洋生态文明示范区建设角度进行研究。欧玲等著的《厦门海洋生态文明示范区建设评估与思考》以厦门市海洋生态文明建设工作为例，分析其建设海洋生态文明示范区所面临的机遇与挑战，并有针对性地提出相关建议和工作思路，认为"厦门亟须突破资源环境与技术瓶颈，需重点考虑推进海洋经济发展，优化海洋资源利用，缓解海洋生态环境压

---

① 郭建昌. 我国海洋生态文明建设路径探究——基于综合视角 [J]. 当代经济，2017（7）：90-91.
② 张更农. 海洋生态文明建设刍议 [J]. 海洋开发与管理，2016，33（3）：106-108.
③ 袁景雪. 山东省海洋生态系统管理的政府责任分析 [D]. 济南：山东大学，2016.
④ 孙倩，于大涛，鞠茂伟，等. 海洋生态文明绩效评价指标体系构建 [J]. 海洋开发与管理，2017，34（7）：3-8.

力，细化海洋文化建设内容，完善海洋统计数据等问题。"[1]学者张一指出"海洋生态文明示范区建设是一项综合性社会系统工程，最终目的是探索构建人海和谐的良性运行体系。当前海洋生态文明示范区呈现出顶层设计初步完成、制度创新扎实推进、自主建设成效显著的基本特征"[2]。设立海洋生态文明示范区的目的在于集中力量探索出一条适合我国国情的海洋生态文明建设之路，其经验价值不亚于其经济效益。综合目前的研究成果，普遍认同实践中应将国家级海洋生态文明示范区建设作为前期主要工作重点，设计构建以制度建设和新兴战略性海洋产业发展为主要抓手、以科技创新驱动经济产业跨越式发展、以制度体系建设为主体推动约束激励机制完善和以全面普及海洋生态文明意识为主体推动民众生活、消费方式转变的建设框架。

还有部分学者着重分析已有的海洋生态文明建设行为和成果来获取理论依据。如学者王守信深入研究和总结了山东省海洋生态文明建设的经验成果，在对比分析了其他省区建设模式的基础上，系统全面地梳理了山东省海洋生态文明建设的思路、目标和实践经验，"创造性地提出通过实施'8573'行动推进全省海洋生态文明建设"。[3]学者刘勇等（2013）以山东半岛蓝色经济区的建设为例，强调了海洋资源开发和海洋生态保护协同前进的重要性，提出了海洋资源集约化利用、维持区域内生态平衡、建立生态主体功能区、全方位普及海洋生态意识、健全海洋生态制度体系等多个实践建议。刘书明等（2014）分析了天津滨海新区的海洋生态文明建设经验，指出了天津滨海新区得益于海洋生态文明建设所取得的成就就在于滨海新区的海洋生态文

① 欧玲，龙邹霞，余兴光，等. 厦门海洋生态文明示范区建设评估与思考 [J]. 海洋开发与管理，2014，31（1）：88-93.
② 张一. 海洋生态文明示范区建设：内涵、问题及优化路径 [J]. 中国海洋大学学报（社会科学版），2016（4）：66-71.
③ 王守信. 山东省海洋生态文明建设探讨 [J]. 海洋开发与管理，2016，33（4）：30-34.

明建设进程是新时期沿海地区探索区域发展新模式、提升自身竞争实力的重要举措。目前学术界的研究成果为我国海洋生态文明建设总体规划布局提供了借鉴和参考，但囿于目前该领域还处于分散、零散的研究阶段，没有在更高层次上进行统筹规划。

四是关于海洋生态文明制度体系建设的研究。在制度体系建设的重要性方面，郑苗壮等学者认为制度体系是海洋生态文明建设的保障措施，是基础工作："建设海洋生态文明，必须加强制度建设，形成适应海洋生态文明理念要求的'硬约束'，以刚性的制度约束人的行为，实现对海洋生态文明建设的制度保障。要从建立健全法律法规、改革体制机制、完善综合政策体系等方面入手，构建系统完整的海洋生态文明制度体系。"[①]

另外一些专家则从制度体系的建设内容展开探索，比如学者毛竹、薛雄志在《构建我国海洋生态文明建设制度体系研究》中指出，海洋生态文明建设的核心制度应包含产业发展制度、生态环境资源发展制度和海洋文化发展制度，尤其是生态环境资源发展制度中应包括预防性制度、管控性制度和救济性制度。[②]厘清了海洋生态制度体系建设的重要性和基本内容之后，在具体的实践探讨中，学界的专家学者提出了多种意见建议，主要包括制定海洋宏观规划体系、建立海洋资源产权确立办法、海洋生态维护激励奖励机制、污染物排放质量与总量控制机制、海洋生态损害补偿制度、海洋产业振兴及创新科技培育机制、海洋生态违法监察督察制度等七个方面。

五是关于我国海洋生态文明建设评价指标的研究。学者袁红英（2014）认为，海洋物质文明、海洋经济文明、海洋社会文明和海洋

① 郑苗壮，刘岩. 关于建立海洋生态文明制度体系的若干思考 [J]. 环境与可持续发展，2016，41（5）：76-80.
② 毛竹，薛雄志. 构建我国海洋生态文明建设制度体系研究 [J]. 海洋开发与管理，2017，34（8）：65-69.

精神文明等要素共同组成了海洋生态文明的具体内涵。不同的构成要素之间具有协调性、整体性，建设海洋生态文明的具体步骤可能有先后、缓急，但最终呈现出来的状态必然是各要素之间协调、同步完成。对海洋生态文明建设结果的评估、评价也应遵循这一原则。陈凤桂等学者收集和梳理了我国八个主要海洋生态区域的多项数据，在科学细致地研究了这些数据的基础上，指出"进一步提升人类社会可持续发展指数，使其符合海洋生态文明区建设要求，需从经济的发展、社会的进步和海洋生态文明意识的提升等三个方面着手，结合海洋资源的可持续供给与海洋生态系统的平衡等方面统筹考虑"。①

上述研究成果都是从不同专业角度、不同研究对象对海洋生态文明进行解读阐释，推动了学术界乃至整个社会对海洋生态文明建设的关注，客观上提升了我国海洋生态文明建设水平。但是，综合上述文献资料和数据，从整体上考察现有的关于我国海洋生态文明建设成果，也存在一系列的问题有待进一步研究，具体表现在以下几方面：

第一，研究不够细致和深刻。关于海洋生态文明概念界定的文献还相对较少，对其内涵和外延阐释不清，对其内涵和概念混同，或者是借用前人的观点，直接加以应用，抑或是直接将生态文明应用到海洋领域，缺乏理论基础和理论深度，现阶段学术界对海洋生态文明的概念还未形成统一标准，对我国海洋生态文明理论研究的历史沿革还存在分歧，这就导致目前关于海洋生态文明尚处于自发的研究阶段，没有从宏观大局来开展研究。

第二，现有文献资料尚未形成科学、完整的理论体系。海洋生态文明是一项全局性的系统工程，对其学术研究也是一项综合性研究，应呈现出多学科、多视角的研究倾向，然而，在对文献进行归纳整理

---

① 陈凤桂，王金坑，方婧，等. 海洋生态文明区评估方法与实证研究 [J]. 海洋开发与管理，2017，34（6）：33-39.

时发现，一般都是根据各自的偏好和现实焦点问题作为研究对象，很少有系统全面的文献问世。由于海洋生态文明建设涉及哲学、法学、经济学、海洋学、社会学、管理学等多学科、方方面面的内容。现有文献没有深入考察海洋生态文明建设科学体系，从一个全面、整体的层面予以解读和阐释，仅有的一些书籍和文章大都是只关注一个或几个层面的问题，几乎没有从整体上系统地阐释海洋生态文明建设。这样的后果就是难以将海洋生态文明系统化、理论化地展现出来，更难以体现其在当前我国海洋强国战略中的指导意义。在今后的学术研究中，有必要打破单一学科的界限，整合多学科的资源优势，将多学科引入海洋生态文明研究。

第三，现有文献的研究缺乏整体性考量。现有的文献资料并没有将海洋生态文明的具体问题放到我国生态文明建设的整体中进行分析考察，其直接结果就是导致现有研究成果大都是就事论事似的分析解读，政策介绍性质的阐释，缺乏连贯性、宏观性的把握。无论是从研究深度还是全面性上来看，学术界对我国海洋生态文明建设发展路径的层次性研究还不充分，对海洋生态文明建设所应选择的发展路径、所需依赖的社会环境、政治经济环境等的探索还有待深入，尤其是相关的具体对策性研究还需细化和完善。在谈到海洋生态文明建设的现状时，对各沿海省份的经验介绍较多，而缺乏对我国整体海洋生态文明建设的问题及成就进行全方位的阐释。导致现有研究成果比较零散，宏观高度不够，这不利于我国海洋生态文明的总体推进，也不利于海洋生态文明发挥其实践价值。

分析了当前学术界和理论界关于我国海洋生态文明建设的一系列问题和不足，我们要明确，海洋生态文明特别是海洋生态文明建设是在新的历史条件下，在总结国内外生态文明建设的经验教训的基础上而形成的科学理论体系和伟大历史实践，必须在学术界深入开展研究，以更好地指导我国海洋生态文明建设。对此，本论文侧重以下问题的研究，以丰富和补充我国海洋生态文明建设研究：

一是梳理归纳我国海洋生态文明建设的理论体系。目前，我国的海洋事业正处于高速发展的重要机遇期，党的二十大报告指出，"中国式现代化是人与自然和谐共生的现代化"，明确了我国新时代生态文明建设的战略任务，总基调是推动绿色发展，促进人与自然和谐共生。报告在充分肯定生态文明建设成就的基础上，从统筹产业结构调整、污染治理、生态保护、应对气候变化等多元角度，全面系统地阐述了我国持续推动生态文明建设的战略思路与方法，并对未来生态环境保护提出了一系列新观点、新要求、新方向和新部署。历史发展不断证明，尊重自然规律，走海洋可持续发展道路势在必行。针对目前学术界对海洋生态文明的研究还不够细致深刻，本书在借鉴大量专家学者已有研究成果的基础上，尝试界定海洋生态文明的概念，努力形成海洋生态文明建设完整的理论体系。归纳总结海洋生态文明建设的主要内容、主要特征和基本原则，形成规范的研究体系，为我国海洋生态文明建设具体实践提供依据。

二是着重研究我国海洋生态文明建设的对策。从我国海洋生态文明建设取得的成就和存在的问题入手，综合运用社会学、管理学、法学、环境学等多学科视角，以我国海洋治理现代化为切入点，注重宏观性和连贯性的把握，从可持续发展的全局出发，提出我国海洋生态文明建设的具体对策，为我国海洋事业发展提供理论依据和实践指导。

1.2.2 国外研究综述

受到地缘因素、生产方式、文化性格以及气候状况等多重因素的影响，西方国家对于海洋以及相关领域的研究在时间上要早于东方，海洋作为他们熟悉的地理概念，不论是从历史的变迁还是研究的广度来讲，都处于世界领先地位。研究质量相对较高，研究成果也更加丰富，是掌握世界海洋相关研究话语权的地区。虽然没有明确提出海洋生态文明建设的概念，但是在众多国外专家学者的著作中都彰显出注重海洋生态建设、加强海洋生态管理的理念。特别是当前北美、西欧等地区的海洋管理体系建设水平较高，了解这些学者们的代表性观点，对我国海洋生态文明建设具有重要的借鉴意义。

（1）以海洋文明和海洋文化为视角的研究。西方学界对于海洋文明的研究由来已久，目前公认的海洋文明的典范是古希腊文明和古罗马文明，而后以海洋空间拓展和海洋资源开发为代表的地理大发现都是在西方国家的主导下完成的。需要指出的是，不少研究者将海洋文明作为区分东西方文明的主要标志。他们赋予海洋文明外向性、扩张性、开放性的特征，而将内陆文明理解为内向性、保守性、落后性。黑格尔就是这种论调的典型代表，他认为以中国为代表的东方世界没有海洋文明。他在《历史哲学》里把人类文明分为高地、平原和海岸这三种类型。他认为在高地和平原地区里，由于地形的平庸，人们的生存依附于原有的土地，将自己束缚在无穷的依赖性里面。而在海岸地区"大海却挟着人类超越了那些思想和行动的有限的圈子"，"从一片巩固的陆地上，移到一片不稳的海面上"，"尽管中国靠海，尽管中国古代有着发达的远航，但是中国没有分享海洋所赋予的文明，海洋没有影响他们的文化"。①由此，他得出所谓这样的结论：以中国为代表的东方处在人类文明发展的幼年时期，中国和东方其他国家没有海洋文明，而海洋文明恰恰是人类文明形态的高级阶段。这种研究观点与历史学家和社会学家的结论背道而驰。美国历史学家费正清指出："中国沿海文化与中国内陆文化同样有着悠久的历史。"英国近现

---

① 黑格尔. 历史哲学 [M]. 王造时，译. 上海：上海书店出版社，2006：82-84.

代科学技术史专家李约瑟也指出，海洋深刻影响着中国的传统文化，理论家不能在没有实地调查和细致研究的情况下轻率地认为中国不存在海洋文化。

（2）以海洋生态现状为视角的研究。由英国海洋生态学家R.S.K.巴恩斯和他的博士生共同编著的《海洋生态学引论》一书，系统介绍了海洋生态系统的各个方面，包括海洋生物、海洋生境等相互作用，及其对海洋系统的影响。迈克尔·C.豪尔教授指出海洋生态文化系统很脆弱，如果受到人为因素的干扰很容易失衡，因此必须尽可能降低人为因素造成海洋生态文化系统失衡问题产生的概率。[①]美国政治经济学家奥斯特罗姆认为当前全球临海区域出现了严重的海洋生态危机，这一危机涵盖了各种海洋资源及海洋物种多样性的锐减，全球气候显著异常等方面。海洋污染科学专家组（GESAMP）以生动的语言描述"开阔大洋正遭受着某些污染和生态损害现象……特别是河口和半封闭海湾的环境在过去的十年间已经急剧退化，对海洋资源的过度开发和生态系统、栖息地的直接危害已经产生全球范围的影响"。[②]帕内塔学者认为，数千年来人类依赖海洋生存发展，但由于人类的漠视和管理缺失，海洋的自然资源和免疫能力已被耗尽，越来越多的物种正在濒临灭绝。数据表明，我们的海洋正处在一场生态危机之中。问题的核心是无论是我们盲目向海洋中倾倒废物、还是我们从海洋中贪婪索取的种种行为，都戏剧性地改变了海洋的生态系统，破坏了一个错综复杂的生命网。[③]综合国外的研究成果，普遍认同目前海洋生态系统的重要性和脆弱性，人类的生产生活对海洋造成了巨大的破坏。这对我国的海洋生态文明建设研究也提供了一定的思路和启迪。

---

① HALL C M. Global trends in ocean and coastal tourism [J]. Ocean and Coastal Management, 2001（4）：601-608.
② GESAMP.A sea of troubles [R].UNEP, 2000（70）：35.
③ PANETTA L E.A conservation ethic for the oceans [J]. Pro Quest Research Library, 2003（12）：8-9.

（3）以海洋生态治理为视角的研究。国外学者们对海洋生态治理方面的研究比较深入，学者们从不同学科角度出发，提出了加强社会管理、创新发展方式、构建生态补偿等手段来化解海洋生态危机。例如，学者埃利奥特和卡特斯从海洋生态补偿角度对海洋生态文明做了系统研究，认为海洋生态治理是一项系统工程，必须思考人类活动因素及海洋生态因素这两个方面，并将海洋生态补偿分为生境补偿、经济补偿及资源补偿三种类型。①国际海洋学院院长阿维尼贝赫南博士认为人类面临的海洋发展困境以及海洋生态的实际状况，迫使人类不断创新海洋发展模式，推动人与海洋共生共荣、和谐发展。科林·伍达德曾花费18个月的时间对世界上的各大海洋进行实地考察，掌握了大量海洋生态系统遭受破坏和海洋生物灭绝造成巨大经济损失的事实资料，得出海洋生态伦理缺失对整个美国经济造成巨大影响的结论。②德国学者哈奇和福瑞斯·川普通过对海洋发展现状进行分析，认为要建设系统全面的海洋生态文明制度体制，控制和降低海洋产业噪声等人为因素的海洋环境污染，让包括人类在内的所有生态成员能享受到构建海洋生态的"安静的利益"。③美国科学家罗伯特·科斯坦萨在面对海洋环境问题时提出管理者应当采取包括管理区域性、危机预警性、责任主体性以及管理适应性等在内的管理方式以及生态损益补偿、公共参与的海洋环境保护原则。④

国外学术界对海洋生态系统领域的研究早在20世纪90年代就已开始，成果也非常显著，但专注于亚洲地区海洋生态文明的研究仍较

① ELLIOTT M，CUTTS N D.Marine habitats：loss and gain，mitigation and compensation [J]. Marine Pollution Bulletin.，2004（49）：671-674.
② WOODARD B C.Ocean's end：travels through endangered seas [M]. New York：Basic Book，2001：57-59.
③ HATCH LEILA T，FRISTRUP KURT M.No barrier at the boundaries：implementing regional frameworks for noise management in protected natural areas [J]. Marine Ecology Progress，2009（395）：223-244.
④ ROBERT COSTANZA，ARDRADE F，AUTUNES P，et al.Principles for sustainable governance of the oceans [J]. Science，1998（281）：198-199.

有限。大多数的研究局限于研究者本人的活动地区，对东亚地区尤其是针对我国的海洋生态文明研究数量非常少，可供参考、借鉴的数据、论述也很匮乏。值得一提的是，现有的各项研究成果都表明了生态文明建设的主要方向，那就是无论当前发展阶段、政治制度、地形地貌或者生态状况有何不同，建设海洋生态文明的主要方式和根本任务都是实现对海洋生态环境的保护和海洋资源的合理利用，最终达成人海和谐、共生共荣的发展目标。开展此项研究的难点和压力来自于海洋生态系统的复杂性和特殊性，研究的意义在于最终使人们的思想意识发生改变，形成一种全新的文明形态，用来指导和规范人类的涉海实践活动，将人海关系调整到符合现阶段自然伦理的状态。然而要形成这样一套完整的、成熟的并且具有可操作性的海洋生态文明体系仍需要长期、充分的研究、探索与实践。学习、借鉴国外海洋生态文明建设经验并结合当代我国发展趋势，可以助力中国特色海洋生态文明建设的多方位、多学科的研究探索。另外，深入开展海洋生态文明领域的原则、方法、目标等问题的国际合作，将很有可能成为国内外学术界研究我国海洋生态文明建设的重要途径。

1.3　研究的主要内容和思路方法

习近平生态文明思想坚持马克思主义世界观和方法论，深刻揭示了社会主义生态文明建设的本质特征和基本规律，具有深厚的哲学底蕴与理论根基。深入研究习近平生态文明思想的理论根基，有助于我们准确领会这一重要思想的深刻内涵与精髓要义，从而更加自觉地走人与自然和谐共生的中国式现代化道路，更加坚定地在习近平生态文明思想指引下努力绘就美丽中国新画卷。伟大的时代产生伟大的理论，伟大的理论引领伟大的时代。党的十八大以来，以习近平同志为核心的党中央从中华民族永续发展的高度出发，深刻把握生态文明建设在新时代中国特色社会主义事业中的重要地位和战略意义，大力推动生态文明理论创新、实践创新、制度创新，创造性地提出一系列富有中国特色、体现时代精神、引领人类文明发展进步的新理念新思想新战略，形成了习近平生态文明思想，高高举起了新时代生态文明建设的思想旗帜，为新时代我国生态文明建设提供了根本遵循和行动指南。本书以海洋文明、生态文明、海洋生态文明、海洋生态文明建设等相关概念作为切入点，阐释我国海洋生态文明建设时代背景和思想渊源及理论基础，归纳整理了目前我国海洋生态文明建设的发展现状，对我国海洋生态文明建设的必要性进行阐释，并在此基础上提出我国海洋生态文明建设的具体对策，希冀为我国的海洋生态文明建设乃至海洋强国建设提供参考。

1.3.1 研究的主要内容

一切从变化发展着的客观实际出发，从客观事物存在发展的规律出发，是辩证唯物论原理的精髓要义和方法遵循。毛泽东同志坚持辩证唯物论的立场观点方法，依据理论创新和实践发展需要，提出"实事求是"概念。实事求是不仅是马克思主义哲学的精髓要义和思想基础，也是习近平生态文明思想的唯物论底蕴。本书对国内外研究现状进行了整理和总结，在此基础上，坚持一切从实际出发来提出、研究和解决问题。一方面，强调全面了解实际、准确掌握实情。2013 年 4月 2 日，习近平总书记参加首都义务植树活动时强调："我国总体上仍然是一个缺林少绿、生态脆弱的国家，植树造林，改善生态，任重而道远。"另一方面，强调探求和掌握海洋生态文明建设内在规律。对相关概念进行界定，分析我国海洋生态文明建设的国内外环境，以此为背景，对海洋生态文明的思想渊源和理论依据及中国共产党人在经略海洋的实践探索中形成的中国化的海洋理论进行了系统的研究和论述，梳理出马克思恩格斯的海洋思想、马克思恩格斯的生态自然观、可持续发展理论、中国共产党主要领导人的海洋生态思想，作为海洋生态文明建设的理论基础。

本书坚持以习近平生态文明思想为指导，深入研究和把握海洋生态文明建设的一般规律、社会主义现代化的普遍规律以及我国海洋生态文明建设的特殊规律，坚持走人与自然和谐共生的中国式现代化道路，系统探究我国海洋生态文明建设的内容特征和基本原则。首先，对我国海洋生态文明建设的内容和特征进行了梳理归纳和概括总结，将海洋生态文明建设的主要内容归纳为五个方面，即构建海洋生态文明意识、推动海洋生态文明行为、发展海洋生态文明产业、培育海洋生态文明道德、健全海洋生态文明制度。其次，将海洋生态文明建设的基本特征概括为四个方面，即开放性、整体性、协调性、持续性。最后，以海洋生态文明建设的内容、特征为基点，提出并确立我国海洋生态文明建设的四项基本原则，即以人为本原则、陆海统筹原则、政府主导原则、有序推进原则。

人类社会发展的历史进程，就是不断认识矛盾、剖析矛盾和解决矛盾的过程。习近平生态文明思想坚持唯物论和辩证法相统一，将二者科学运用于生态文明建设全过程、各领域，正确回答和处理了一系列重大关系问题，其中就包括我国海洋生态文明建设必要性和必然性。我国海洋生态文明建设是从我国海洋发展现状出发，在认识海洋、经略海洋的过程中所形成的符合时代发展特征的伟大实践。本书深入分析海洋生态文明建设在社会主义现代化建设中的必要性和重要地位，并加以概括形成以下思想观点：海洋生态文明建设是生态文明建设的逻辑必然、是海洋强国战略实施的重要保障、是人海协调发展的迫切需要、是海洋绿色发展的根本出路、是海洋经济发展的保障支持。

改革开放以来我国海洋事业迅速发展，海洋生态文明建设成果丰富，新兴海洋产业、海洋生态文明示范区、海洋生态制度规范等发展势头良好。但与此同时，也存在着海洋环境压力趋紧、海洋生境退化加剧、建设主体多元化不足、海洋监管体系不完善、评价指标体系缺位和海洋生态文明建设国际交流合作欠缺等问题。一系列生态环境问题，制约了海洋经济的健康发展，已成为沿海地区经济社会可持续发展的重大瓶颈。通过援引数据、个案分析等方式，本书对我国海洋生态文明建设的现状进行了总结，特别是对现阶段我国海洋生态文明建设中存在具体问题的原因进行了深刻分析。

海洋生态文明建设有序推进、海洋生态秩序良好是我国海洋事业持续健康发展的基础保障。通过对我国海洋生态文明建设现状的考察，尤其是在问题分析的前提和基础上，本书提出通过强化全民海洋生态意识、推进海洋发展方式转变、提升海洋综合管理现代化水平、建立完善海洋生态文明建设评价指标体系、促进海洋生态国际合作等方式和途径，加快推进我国海洋生态文明建设步伐。

1.3.2　研究的思路方法

从总体上来看，本书以哲学、社会学、环境学、生态学、海洋学等多学科相结合的方法，以历史研究与逻辑分析相结合为原则，从理论与现实、宏观与微观相结合的维度，运用比较—分析—综合的方法，系统论述我国海洋生态文明建设的理论问题与实践课题。具体逻辑思路方法如下：

（1）学科交叉与综合。海洋生态文明建设本身就是一项复杂的系统工程，涉及多个学科领域的方方面面。本书在对海洋文明、海洋生态状况、海洋生态文明建设对策等部分内容综合运用了哲学、社会学、法学、环境学等相关学科理论进行了系统论述。

（2）坚持文献分析法。作者仔细研读了马克思、恩格斯的经典著作，详尽收集整理了我国关于海洋生态文明建设的相关政策法规、各地区的经验做法，以及目前学术界关于这一课题的现有研究成果，总结形成本课题的研究综述，借鉴吸收现有研究成果的精华，发现现有研究成果的不足之处，从而为确定本研究的努力方向提供了依据和参考。

（3）坚持比较—综合—分析的研究方法。本书通过对海洋文明、生态文明、海洋生态文明、海洋生态文明建设的解构与分析，比较四者的区别与联系，梳理解读海洋生态文明建设的理论溯源与思想基础，并以此为基础，探索我国海洋生态文明建设的历史必然性和必要性。

（4）坚持理论和实践相结合的视角。本书从历史与现实相统一的维度，在深入研究已有的关于海洋生态文明建设文献材料的基础上，及时把握海洋生态文明建设领域的研究动态，在深刻解读海洋生态文明理论的基础上，归纳总结了目前我国海洋生态文明建设发展现状，分析问题产生的根源，提出了我国海洋生态文明建设的具体对策。

2

我国海洋生态文明建设的时代背景与理论基础

海洋生态文明建设是实施海洋强国战略的基本目标之一。这是一项艰巨的长期任务，更是一项复杂的系统工程。我国海域面积广袤，涉海产业分布在蜿蜒绵长的海岸线附近，港口资源丰富，发展面向世界的海洋产业前景广阔。但长期的重陆轻海发展模式导致我国的海洋事业长期处于低质增长阶段，科技水平和资源利用率都与发达国家有一定距离。2012年，党的十八大报告提出"提高海洋资源开发能力，发展海洋经济，保护海洋生态环境，坚决维护国家海洋权益，建设海洋强国"的伟大号召。2017年，党的十九大报告确立了"坚持人与自然和谐共生"的基本方针，阐明了我国生态文明建设的目标规划和战略部署。2022年，党的二十大报告中再次强调"人与自然和谐共生"的理念，指出要"发展海洋经济，保护海洋生态环境，加快建设海洋强国"，要求我们在海洋世纪中牢牢把握时代机遇，不断提高探索认知海洋、开发利用海洋、保护管理海洋方面的理论研究水平、科技创新水平和生态保障实力，为海洋强国战略的实施提供坚实保障。

海洋生态文明建设是我国生态文明建设的重要组成部分，对我国海洋事业发展和海洋强国战略的实施有着不可忽视的基础意义。从理论层面厘清其基本内涵和重要作用有助于提高实践决策的科学性、针对性。因此，需要明确海洋文明、生态文明的概念和特征，并进一步明确海洋生态文明以及海洋生态文明建设的含义，通过对相关概念进行界定，了解掌握海洋生态文明建设的时代背景和理论基础，为我国海洋生态文明建设提供理论依据和实践指导。

2.1　海洋生态文明建设相关概念界定

海洋作为生命的摇篮，是人类赖以生存的重要空间。海洋占据地球表面70.8%的面积，哺育着海洋生物，蕴藏大量矿产资源，在贸易、交通等领域为人类的繁衍生息起着关键性的作用。早期的人类社会里，人类对于海洋的认知仅仅停留在通过简单活动获取近海生活必需品。随着生产力水平的提升，农业文明时期的人们开始走向海洋，向海洋的浅海沿岸扩张。工业革命和航海技术的提升逐渐让人类认识到海洋的浩瀚与富饶，人类是在对海洋的不断探索中逐步建立了当下的海洋意识。那么，什么是海洋文明，什么是生态文明，何为海洋生态文明和海洋生态文明建设，以及它们之间有什么样的具体联系，这是本研究必须首先要回答的几个基本问题。

2.1.1　海洋文明

西方学术界在总结大航海时代海洋的作用时形成了"海洋文明"这一概念。"海洋文明"一词，最早出现在希腊语里，用来阐释克里特文明。克里特文明出现于公元前3000年至公元前1450年的爱琴海地区，由于优越的地理条件，该文明以远洋贸易、殖民掠夺不断发展壮大。受其影响，随后发展起来的古希腊文明和古罗马文明也都明显烙上了海洋商业文明的印记。14世纪，意大利的沿海地区依托海洋，发展海上商贸，确立了其海上霸主地位。近代以来，海洋文明从地中海地区转移到了大西洋沿岸，先是葡萄牙和西班牙共享霸权，荷兰和英国紧随其后，相继崛起，通过海洋贸易和殖民掠夺，夺得世界霸主地位。西方海洋国家的初衷是通过海洋大通道获得商业利益。但是，随着海洋开发能力的提升以及军事力量的增强，这些国家不满足于现状和既得的利益，通过海上霸权和殖民掠夺，非西方国家成为其附庸。

中国自古以来就是个海洋大国。对海洋的开发利用最早可以追溯到上古时期的华夏民族。春秋战国时期，齐文化和越文化代表着中国海洋文化的雏形。秦朝时期徐福东渡日本，《太平御览》形容三国时期为"舟楫为舆马，巨海为夷庚"，隋唐时期开辟了海上丝绸之路，明初郑和七次下西洋，中国的航海文明达到了巅峰。中国古代的海洋文明以闭关自守为主要特点，主要目的是宣传和维护封建主义统治地位，可以看作海洋农业文明。与此不同，西方海洋文明是随着航海事业的发展、海洋商业贸易的繁荣不断发展起来的，并演变为以冒险、侵略为特征，发现、开拓海外市场和殖民地，西方海洋文明可以看作海洋商业文明。海洋意识是涉海民族的灵魂，中国封建社会后期，统治者为了维持封建统治秩序，特别是明、清两朝禁海400年，严重抑制了中国向海洋进军的热情，使得郑和下西洋所带来的丰硕成果付诸东流，严重阻碍了中国社会的进步。尽管牛津大学的威廉姆斯博士认为，如果郑和的远洋事业能够持续西进，不断探索直至到达美洲大陆，世界历史的演进将会出现不同的方向。但历史无法假设，优越的地理位置、根深的农耕文明、重农轻商的传统思想，使国民大陆意识根深蒂固，这些陆地文明的"存量优势"却成为中华民族全面走向海洋的制约因素。

人类通过主观活动不断地改造客观世界，积累了愈加丰富的物质成就和精神成果，这是人类产生文化的过程，是人类社会进步的重要标志。不同文化的长期积累、发展逐渐形成了各有特点的人类文明形态。海洋文明是通过人类直接或间接的海洋活动而生成的文明类型，它区别于农业文明、大河文明、内陆文明和草原文明等文明形态，体现了以海洋为介质的生产生活方式，是人类关于海洋的实践活动的历史凝结。我国的海洋文明源远流长，但对于海洋文明系统的理论层次的研究还处于起步阶段，著名学者杨国桢教授认为："中国学术界对海洋文明的认识和研究始于20世纪初期，当时引进了西方社会科学理论，受西方论述和传统陆地思维的双重制约，中华海洋文明的研究长期处于边缘的地位，没有形成适合中国国情的海洋文明理论建构，本土学术资源的发掘和学术成果的积累都相对匮乏，不成系统。"①
通过查阅前人的研究成果发现，学者们更多地在探讨中国是否存在海
洋文明，是否海洋文明是先进的、陆地文明是落后的等方面。目前，
学术界比较认同的观点是，海洋文明是人类历史上主要因特有的海洋
文化而在经济发展、社会制度、思想、精神和艺术领域等方面领先于
人类发展的社会文化。本书所指的海洋文明是面向未来的、顺应时代
发展潮流的、积极健康的文明形态。这种先进的海洋文明具体应该包
括海洋物质文明、海洋精神文明、海洋制度文明、海洋政治文明和海
洋生态文明五个方面。

海洋物质文明，就是遵循海洋物质生产方式和生活方式的进步。
提高海洋资源的利用效率，合理、适度开发海洋资源。强大的物质基
础是海洋生态文明建设的重要支持力量。应该在经济和海洋环境协调
发展基础上按照现代市场经济规律和系统工程方法、运用现代创新科
技手段实现海洋生态效益和经济效益的互利共赢。海洋物质文明的本
质是把海洋生态经济产业发展建立在海洋生态环境承载力的基础上，
在维护海洋自然生态平衡的前提下，把经济利益最大化，以满足人类
社会发展需求。

海洋精神文明，就是在开发利用海洋的时候，注重讲究依托海洋
成长而来的道德伦理，维护海洋发展的成果，保护民族海洋文化遗
产，敬畏海洋、尊重海洋、热爱海洋、感恩海洋，也尊重世界其他民
族的海洋文化。海洋精神文明，是人们在与海洋长期交往中逐渐形成
的，以尊重海洋、和谐共生为特征的海洋行为规范，用来约束和规范
人类善待海洋资源、维护海洋生态平衡、保护海洋环境的行为，它体
现了人与自然和谐平等的马克思主义生态自然观。海洋精神文明是海
洋生态文明建设的道德理论基础，是海洋生态法治文明的重要补充。

---

① 杨国桢. 中华海洋文明论发凡 [J]. 中国高校社会科学，2013 (4): 43-56.

海洋社会文明，就是要维护良好海洋秩序，构建和谐海洋生态环境，实现海洋社会的繁荣和稳定。海洋是一个开放的系统，也是一个人与自然、人与人相互交流的循环系统。在这个系统中，政府机构、涉海产业经营者与公众在交流沟通中形成了海洋社会。他们之间相互联系、相互制约、相互推动。行为主体是否具有文明意识、能否用科学理论指导自身行为，是海洋社会是否文明，人与人、人与海洋、人与社会能否和谐通融、协调发展的关键因素。

海洋制度文明，就是要管理、经略海洋，对内实现海洋管理，对外维护国家海洋权益，用和平的方式解决海洋国际争端，走规范的海洋强国之路。它将以适当、丰富的海洋法律法规为准绳，合理限制、调整人类的海洋开发行为，保持和优化海洋生态环境。以法治精神维护人类与海洋的和谐共生。建设海洋制度文明，完善的制度体系是基础，严格的执法司法体制是保障，二者缺一不可。

中国共产党人深深懂得近300万平方千米蓝色国土的重要意义。新中国成立以来，通过不断发展海洋事业和保护海洋权益，有效维护了国家主权。开辟沿海经济特区、极地考察、壮大海军实力等等举措展现出了中华民族开发、利用、保护海洋的雄心壮志。建设海洋强国是时代的呼唤，是实现中华民族伟大复兴的中国梦的重要途径。海洋文明作为当今软实力的一种表现，在国家海洋实力的崛起中扮演着重要的角色，发挥着重要的作用。强大海洋文明是华夏民族重要的精神底蕴之一，是民族本性特征的完整体现。

2.1.2 生态文明

"生态"一词源自古希腊语，最早意为家庭或者房屋，也指代生活的环境。随着人类社会的不断发展，"生态"一词的含义也愈加丰富，主要用以形容健康、和谐的事物。现代科学意义上的"生态"一词出现在 19 世纪中期以后，用来形容一类或者一种生物的生存状况，以及它们与环境之间或者它们自身多个个体之间相互影响的紧密联结状态。"文明"一词在中国起源较早，《尚书正义》中有"经纬天地曰文，照临四方曰明"的说法，意指由混乱到秩序，由混沌到光明的开化过程。"文明"是人类社会不断演进的过程中思想、文化、道德等不断变化的具体体现，是人类社会发展到一定程度后物质成果和精神成果的总和。因此，我们可以从时间阶段与构成要素两个维度来看待"文明"的内涵：从时间上看，不同时期的文明具有不同内容，它与其所产生的时代阶段相适应，并且通常情况下是后代文明超过前代文明；从构成要素上来看，不论文明的产生时间与地点有多大差异。其基本要素都包含了人类改造世界的物质成果和精神成果两个部分。人类文明的发展大致经历了原始文明、农业文明、工业文明和生态文明等主要阶段。生态文明是在人类目前面临巨大资源、生态压力的时代背景下，重新思考和探究工业文明发展对自然环境造成的严重伤害，导致人类自身生存受到干扰甚至威胁的条件下，所发展出来的可以实现人类与自然和谐共生的新的文明形态，它强调人类社会的发展与自然的和谐、平等，人类发展进步与自然规律的高度统一，因此也被称为"绿色文明"。我们生活的时代，是工业文明已经发展得非常成熟而疲态已显，客观条件和主观意识都在向生态文明过渡的关键时期。科学发展观强调："建设生态文明，实质上就是要建设以资源环境承载力为基础、以自然规律为准则、以可持续发展为目标的资源节约型、环境友好型社会。"生态文明的内涵非常丰富，我们应从三个方面去理解：一是人与自然的关系，二是生态文明与工业文明的关系，三是生态文明建设与人类社会发展的关系。生态文明体现了人与自然的和谐关系，是科学认知自然、尊重自然发展、顺应自然规律、保护自然生态、合理利用自然资源的文明形式，它反对漠视自然规律、污染破坏自然环境、浪费自然资源的行为和思想，是人类与自然和谐共生的文明。生态文明是人类社会健康发展的重要保障。生态文明是人类社会物质文明、精神文明、产业文明、社会文明的重要基础和前提，没有健康和安全的生存环境，人类文明的发展就会失去方向，最终陷入发展导致破坏、破坏带来污染、污染影响发展这种周而复始的陷阱中。

从1962年美国科普作家蕾切尔·卡逊出版《寂静的春天》开始至今，国内外的专家学者对于生态文明的研究从来没有停止过。总体而言，生态文明是一个内容丰富、涉及众多学科领域的综合性概念。广义上说，生态文明是人类发展至今的一个新阶段，是人类文明进步的重要标志。它不仅吸收人类社会之前的先进文明成果，也深刻反思工业文明以资源环境换取利润的发展方式所带来的高昂代价。人类通过数百年的工业文明发展，在物质财富的积累方面取得了过去上千年不曾有的成就，但全球生态持续恶化带来的负面效应已经严重威胁到人类的生存安全，让人们不得不反思工业文明带来的世界观、价值观、发展观是否符合人类长远和根本利益。生态文明的研究正是要从社会视角、经济视角、政治视角和文化视角等多个维度探索人类文明的正确发展方向。

2.1.3　海洋生态文明

我国是一个海陆兼备的大国，海洋是中华民族生存和发展的重要空间和资源宝库。21世纪以来，世界多个学术组织和权威机构都向国际社会发出呼吁，要求人们重视海洋生态文明的研究。海洋生态文明作为生态文明的重要组成部分，是一种崭新的、和谐的文明形态，是较之工业文明更加符合自然规律的文明形态，体现的是协调的生态观、平等的文明观和可持续的发展观，是人类社会对海洋世纪的积极回应和奉献。

目前，关于海洋生态文明概念的界定，不少专家学者都提出了具有代表性的观点。青年学者刘家沂从人类自身生存的基础与发展的持续性角度将海洋生态文明概括为：人类"为了延续生存而不断更新的海洋文明形态。"[①]这种归纳清晰地指明了人类文明形态不断演进的特性；马彩华等学者从产业发展与生态环境之间的互动关系角度出发，得出结论："海洋的生态文明是指人类在开发和利用海洋，促进其产业发展、社会进步，为人类服务过程中，按照海洋生态系统和人类社会系统的客观规律，建立起人与海洋的互动，良性运行机制与和谐发展的一种社会文明形态。"[②]而学者刘健更加关注于海洋生态文明对于生态修复和可持续发展的影响等问题，有针对性地提出："海洋生态文明并不局限于陆源污染控制和海洋环境保护，而是人类在开发和利用海洋的过程中，遵循人类-海洋-社会全面、协调、可持续发展的客观规律，以保护海洋生态环境为基础，以人海和谐的海洋意识为主导，以传承海洋文化为己任，以建立完善的海洋管理体制为保障，统筹海洋资源，科学选择海洋开发方式，积极进行海洋产业结构调整，加快推进人类经济社会可持续发展过程中的一种生态文明形态。"[③]学者俞树彪从人与自然和谐发展的宏观角度将海洋生态文明阐释为："以人与海洋和谐共生、良性循环、可持续发展为主题，以海洋资源综合开发和海洋经济科学发展为核心，以强化海洋国土意识和建设海洋生态文化为先导，以保护海洋生态环境为基础，以海洋生态科技和海洋综合管理制度创新为动力。"[④]

① 刘家沂. 构建海洋生态文明的战略思考 [J]. 今日中国论坛，2007（12）：44-46.
② 马彩华，赵志远，游奎. 略论海洋生态文明建设与公众参与 [J]. 中国软科学（增刊），2010（A1）：172-177.
③ 刘健. 浅谈我国海洋生态文明建设基本问题 [J]. 中国海洋大学学报（社会科学版），2014（2）：29-32.
④ 俞树彪. 舟山群岛新区推进海洋生态文明建设的战略思考 [J]. 未来与发展，2012（1）：104-108.

尽管不同的专家对于海洋生态文明的概念存在不同的界定方式，但是其中包含着很多共同的内容，如：遵循人、海洋、社会和谐发展的规律，保护海洋资源环境，促进人海和谐，形成和谐的文明形态。通过对现有的研究成果归纳，从静态方面看，海洋生态文明是人类在与海洋和谐发展方面取得的物质和精神成果，从动态方面看，海洋生态文明是人与海洋和谐互动、良性运行、持续发展的文化局面。海洋生态文明，就是构建人海和谐的发展状态，实现海洋环境良好、海洋资源健康、海洋经济发展的良好局面，实现海洋的可持续发展。海洋生态文明涉及生产、生活方式和价值观方方面面的变革，是人类社会不可逆的发展潮流。

2.1.4　海洋生态文明建设

海洋作为自然界的重要生态系统，是山水林田湖草沙生命共同体一体化保护和系统治理的重要领域。加强海洋生态文明建设，高水平开发保护海洋资源、维护海洋自然再生产能力、提供更多生态产品、推进海洋经济绿色发展、守住海洋生态安全边界、走人海和谐的发展道路，是海洋强国建设的重大任务，更是人与自然和谐共生的中国式现代化的应有之义。海洋生态文明建设是新时代我国海洋强国战略的重要保障和有机组成部分。党的十七大报告首次提出建设社会主义生态文明，是世界上较早在国家层面确立生态文明建设部署的发展中国家。时隔五年之后，党的十八大报告再一次提出并将生态文明建设纳入中国特色社会主义事业"五位一体"总体布局之中，形成了经济建设、政治建设、文化建设、社会建设和生态文明建设协同推进的良好局面。显示了我党对于生态文明建设的高度重视。党的十九大报告以"加快生态文明体制改革，建设美丽中国"为题，将生态文明作为独立篇章进行论述，并指出"建设生态文明是中华民族永续发展的千年大计"。党的二十大报告作出"发展海洋经济，保护海洋生态环境，加快建设海洋强国"的战略部署。以习近平同志为核心的党中央审时度势、高瞻远瞩，将海洋强国建设作为推动中国式现代化的有机组成部分和重要战略任务，为我们推动海洋经济高质量发展、推进海洋强国建设指明了方向。我们要深入学习领会，深刻理解把握，努力推动海洋经济高质量发展，以建设海洋强国新作为推进中国式现代化。

海洋生态文明建设是一项长期、复杂的系统工程，要通过不断培育和提高全社会海洋生态文明意识、改变传统落后用海方式和理念、集约高效利用海洋资源、加强海洋科技创新能力、维持海洋生态环境秩序和完善海洋生态管理制度等等一整套科学、完整的体系建设来推动完成。随着经济社会的不断进步，海洋生态文明建设已经不是单纯的概念和理论，而是与人类生产生活、经济社会发展进步休戚与共的伟大实践。海洋生态文明建设不能简单地理解为大力改善环境，同时既不能坚持"人类中心论"，也不能强调"自然中心论"，而是应以海洋经济发展壮大来维护海洋生态环境的平衡，以海洋环境的良性生态循环推动海洋经济开发的更大发展，两者相互独立，又相互支撑，最终形成一个和谐共生的海洋生态文明局面。在人与海洋的情景中，人的发展需要海洋的支持，人类通过以海洋为行为对象的实践活动改善自身生存状况，还应当在自身发展收益中拿出相应的部分反哺海洋，在生存和发展的过程中关心、关注海洋，持续维护海洋生态平衡。人与海洋的自然关系需要科学谨慎的研究与维系。我国的海洋生态文明建设应当尊重海洋自然规律，做到合理开发海洋与切实保护海洋同步、充分考虑海洋生态承载能力与大力发展海洋事业相互协调，并行不悖。我国的海洋生态文明建设需要逐步完善循环经济与良性海洋生态系统，在充分意识到海洋的战略地位和作用的前提下，大力发展海洋事业，保护海洋生态环境，有序开发使用海洋资源，促进海洋经济发展，维护国家海洋权益，实现从海洋大国到海洋强国的飞跃。

坚持创新发展。就是以创新驱动海洋产业进步，提升海洋生态文明的科技水平。21世纪的人类竞争，不论表现为政治、经济斗争还是军事战争，归根到底是科技的竞争，是民族间创新能力的博弈。不管是科技创新还是制度创新，都将决定海洋国家在未来海洋竞争中的地位和命运。海洋生态文明建设离不开完善的创新体系，海洋科技体系作为未来世界各国开发利用海洋的核心内容，在治理环境污染、维护海洋生态平衡方面起着无可替代的作用。因此，大力发展海洋生态科技，加快海洋科技创新体系建设既是开发利用海洋资源的内在必要条件，也是我国建设海洋生态文明、保护海洋生态环境的迫切需要。

坚持协调发展。建设海洋生态文明，就是要做到海洋与大陆协调发展、海洋不同区域之间协调发展、人类活动与海洋环境协调融洽。我国作为拥有广阔海疆的大国，协调发展的重点便是陆地与海洋的协同共进。在自然资源逐步萎缩，环境污染逐步加剧的时代背景下，依照建设海洋生态文明的总体规划，系统地发展潮汐能、风能等清洁能源，为经济发展提供能源支持；依托海路航线提高运输效能、减轻陆地运输压力；开发海洋生态旅游，拓展海洋观光等蓝色产业等是发挥我国海陆兼备的地缘优势，缓解陆地资源压力的重要举措。这些举措无一不体现海洋生态文明建设的深远战略意义。海洋区域协调发展不仅可以缩小沿海地区海洋经济发展差距，也是解决区域海洋产业同构而导致产业结构单一、资源环境破坏等问题的最有效方式。

坚持绿色发展。面对目前逐步恶化的海洋生态环境，我国要想走出初级发展的困境，亟须重新确立新的发展目标，选择更加符合人与海洋和谐共生的生产生活方式。充分认识到良好的海洋生态环境是生存的基础条件，符合自然规律的海洋生境是最重要的发展成果。要把海洋生态文明建设融入海洋经济蓝图中，基于生态文明的海洋经济发展，才是真正的财富积累；蔚蓝色海洋才是美丽中国的必要条件之一。我国的海洋生态文明建设应当把绿色发展作为实现手段和基本任务，以人与海洋的可持续发展为目标，以海洋绿色经济为基本发展形态，通过开发先进海洋科学技术，发展环境友好型海洋产业，降低能耗和物耗，保护和修复海洋生态环境，使经济社会发展与海洋生态相互协调、相互促进、共同繁荣。

坚持开放发展。与国外部分国家相比，我国的海洋生态文明建设起步相对较晚，软、硬件基础还比较薄弱，在具体方法和成绩效果上还有一定差距。因此，在建设海洋生态文明和拓展海洋资源开发的过程中，以海纳百川的胸怀参与国际合作，积极吸收借鉴海外先进经验，引进高科技产品和前沿管理办法，用以提升和发展我国海洋事业中的空白与不足。在学习和实践中，不断提高我国海洋生态文明建设水平，扩大我国在海洋事业中的影响力和话语权。

坚持共享发展。生产力发展水平提高是实行共享发展的物质基础，社会主义制度是实行共享发展的必要条件，现实国情是实行共享发展的迫切需要。共享发展在海洋生态文明领域表现为优化海洋公共服务、发展海洋教育、促进海洋产业升级，净化海岸环境、完善环境保障、提高沿海居民健康水平、改善海岸附近居民居住条件等。在当代中国，实现全面建成社会主义现代化强国的宏伟目标，就是要坚持共享发展。要实现陆地与海洋之间、不同地区之间、不同阶层之间的共享发展，既是对以往实践经验的科学总结，又是对以人为本理论认识的进一步升华。海洋生态文明建设需要共享发展理念的指引，在开发利用海洋资源的同时，考虑到海洋生态环境的承载力，敬畏自然，尊重海洋，减少对海洋的干预和破坏，形成开发与保护的良好格局，实现人与海洋、人与社会的共享发展。

2.2 海洋生态文明建设的时代背景

2018年3月，习近平总书记在参加十三届全国人大一次会议山东代表团审议时指出，海洋是高质量发展战略要地。海洋在国家经济发展格局和对外开放中的作用更加重要，在维护国家主权、安全、发展利益中的地位更加突出，在国家生态文明建设中的角色更加显著，在国际政治、经济、军事、科技竞争中的战略地位也明显上升。加快建设海洋强国，是中国式现代化的必然选择，我们必须心怀"国之大者"，奋力推进海洋强国建设伟大进程。任何发展战略的提出都是和社会发展的大环境相适应的。同样，海洋生态文明建设的提出也是由当前复杂的时代背景所决定的。21世纪被称为海洋世纪，我国又是海洋大国，海洋事业是未来我国经济社会发展的重要推动力和可持续发展的基础。在全球经济紧缩、贸易保护主义抬头的新时期，适时地调整和优化产业结构，以海洋生态文明建设为保障，科学开发利用海洋资源，实现海洋事业的跨越式发展，是积极应对时代挑战，紧握历史机遇，实现中华民族伟大复兴中国梦的重要举措。

2.2.1 海洋日益成为国际社会关注热点

21世纪是世界经济形势日趋复杂、全球地缘政治格局发生深刻变革的世纪。陆地资源的逐渐枯竭、对新能源和新科技等新兴产业的渴望让人类将目光聚焦于蓝色的海洋。"海洋以其广阔的立体空间、丰富的自然资源、开放的国际通道、重要的生态特性、无限的探索潜力成为人类生存与发展的宝贵财富和战略空间。"[①]随着经济全球化

---

① 李双建，徐丛春. 论海洋的战略地位和现代海洋发展观 [J]. 经济研究导刊，2012 (27)：256-259.

的深入发展，各国经济、环境、人口问题不断累加，人类对海洋的依赖程度将前所未有地增加。

首先，海洋对人类的生存和发展日趋重要。地球表面积的70.8%被海水覆盖，形成了3倍于陆地面积的海洋区域。海洋连接着世界绝大多数国家和地区。新航路开辟以来，海洋承载了90%以上的世界贸易运输，这种趋势正逐年显著，世界大部分的石油、橡胶、钢铁、粮食等的贸易主要依赖于海上航线，这些"海上公路"是联系世界各国和地区的生命线，同时也是不同文明、不同种族之间文化交流和贸易往来的重要途径。此外，海洋还担负着净化人类生存空间的重任。人类生产生活所产生的废物、废水、废渣等，最终都会直接或者在大气环流和地表径流的作用下排入海洋，海洋的净化能力是人类社会不断发展的重要支撑系统。

其次，海洋生态控制着全球的气候，维系着人类赖以生存的自然环境。海洋的主要成分是海水，海水具有吸热快、传导深、比热大的特性，借助海洋中的热带低气压、热带风暴等推动大气的循环流动，促进冷热空气对流，调节全球气候。同时，海洋更是"风雨之乡"，海面每年的海水蒸发量超过40立方千米，占全球蒸发量的87.5%，这些海水以降雨的形式返回陆地和海洋，净化陆地和空气环境，更新大气中的水分，滋养大气中的生物。海洋也是地球上氧气的主要供给者和二氧化碳的主要吸收者，全球80%以上的太阳热能被海洋吸收，海洋植物通过光合作用每年生产约360亿吨氧气，占到大气中氧气含量的70%，是人类赖以生存的"空气净化器"和"呼吸机"。

最后，海洋是人类社会发展重要的物质基础，人类未来的资源宝库。海洋中的已知生物超过20万种，其中的可食用鱼类有200多种，每年可提供超过1亿吨的高蛋白海产品；海洋中的矿藏极为丰富，铜、钨等有色金属储藏量可供人类开采上千年，地球上一半多的煤、石油和天然气蕴藏于大洋深处，开发潜力巨大。随着勘探手段的不断进步，人类对新能源的开发利用也在向海洋招手，以可燃冰为代表的新能源行业方兴未艾，新能源的主要特点是能量高、使用方式简单、轻污染甚至是零污染。这也是人类科技发展的大趋势。随着人类深远海矿产开发能力的不断提高，海洋必将是未来资源争夺中的主战场。可以说，未来的国家竞争就是新能源领域的竞赛，而新能源开发的未来必然是在海洋。作为未来人类社会前进的能量源泉、经济发展的"发动机"，海洋会成为世界各国关注和争夺的焦点，世界各国的高新科技研发也会越来越聚焦于海洋这片蓝色区域。

2.2.2 经济发展引起海洋生态问题凸显

过去的20世纪，是人类历史上海洋意识进步最快的时期。人类探索了几乎所有之前未知的海洋领域，开拓了除深海之外的全部海洋领地，展开了史无前例的大规模海洋资源的开发利用。海洋极大丰富了世界经济、物质文明，前所未有地拓展了人类的生存空间。海洋在提升了人类社会经济水平的同时，海洋生态环境的破坏也超过了之前任何一个历史时期。

当前全球海洋生态安全面临海洋环境污染和海洋资源过度开发两大挑战。随着人类经济活动强度不断加剧，每年都有大量未经妥善处理的污染物被直接排入海洋。2017年，联合国秘书长古特雷斯就全球气候问题在纽约大学发表了精彩的演讲，他向世界再一次强调，我们生存的地球环境正在逐步恶化，全球性的气候异常已经发生。古特雷斯根据国际权威气候记录指出，沿海和热带地区的居民将面临生存困境，因为2016年的全球气温创下了新的极值，是人类有气象记录以来最热的一年，而2007年到2016年，也是有气象记录以来最热的10年。这种全球的气温升高趋势导致南极大陆架正快速崩塌，全球海洋面将因为北极冰川的消融逐渐升高至人类聚居海岸以内。沿海地区海水污染严重，近海区域臭气熏天、垃圾遍布，海水养殖业难以为继，海水富营养化带来赤潮等灾害，飓风灾害逐年增加，破坏力越来越大。全球性的海洋灾害正在酝酿，人类无度、无序、无偿地向海洋排放污染物、向大气排放温室气体的行为，不仅给海洋生态造成严重破坏，更将给自身造成不可估量的损失。

2010年墨西哥湾的"深水地平线"钻井平台发生井喷事故，三个月内共泄漏约320万桶原油，周边海域生态受到严重破坏。2017年6月1日，美国总统特朗普在白宫宣布美国将会退出旨在减少温室气体排放、净化海洋生态环境的《巴黎协定》，全球舆论哗然。美国的这一决定再一次为世界改善海洋生态环境的努力蒙上了一层阴影。美国作为海洋资源最大的受益国，依靠第二次世界大战期间的海上作战成为战后世界的领导者，又在以布雷顿森林体系为框架的海上贸易、石油贸易中成为唯一的超级大国，其军舰与商船游弋在全球各个大洋之上，是最应当带头保护海洋、维护海洋的国家，却在海洋生态保护与短期经济利益之间首鼠两端，不得不让人为全球海洋经济发展的前景感到担忧。同时，以资源换发展的理念和做法在一些欠发达地区也大行其道，一些以经济利益马首是瞻的企业机构更是在海洋生态问题面前熟视无睹。2023年8月24日，日本一意孤行启动福岛核电站核污染水排海。而完成现存核污染水排海需要至少30年时间。全球海洋生态面临前所未有的环境污染风险，同时海洋区域监管难度大、动态程度高，成为环境污染和生态破坏的重灾区，全球各地不断出现的海上原油污染、海岸线污染物聚集、赤潮、浒苔等自然灾害凸显出欠发达和生态意识弱的地区海洋经济发展与海洋生态保护的矛盾。

2.2.3　加强与推进生态文明建设的新要求

坚定不移地走向海洋，积极主动地经略海洋，努力创造属于中华民族新的海洋文明是实现中华民族伟大复兴中国梦的必经之路。我国海域辽阔、海洋资源丰富，但海洋问题复杂冗繁，海洋生态环境相对脆弱。党的二十大报告指出"发展海洋经济，保护海洋生态环境，加快建设海洋强国"，显示了我们党在新时期对于生态文明建设的高度重视。这是我们党对中国特色社会主义、新时期国际政治经济形势以及人类文明发展趋势认识不断深化的结果。海洋生态文明是我国社会主义生态文明体系的有机组成部分，是社会主义海洋事业的关键保障，海洋生态文明建设是支撑我国海洋事业科学、持续发展的关键保障，是维护我国海洋权益、扩大海洋影响的重要举措，是在海洋竞争日趋激烈的新时代拓展国家生存空间和提升国民生存质量的基础工程。

不同时期，我们党的海洋思想和海洋方针有所不同。以习近平同志为核心的党中央创造性地提出了新时期的海洋战略。习近平总书记在中央政治局集体学习时指出："我们要着眼于中国特色社会主义事业发展全局，统筹国内国际两个大局，坚持陆海统筹，坚持走以海富国、以海强国、人海和谐、合作共赢的发展道路，通过和平、发展、合作、共赢方式，扎实推进海洋强国建设。"①在国际局势深刻变革的背景下，这一论述强调了海洋强国和扎实推进的战略原则，进一步提升了建设海洋生态文明的重要性，彰显了海洋生态文明建设对于经济发展的基础作用，为我国海洋生态文明战略指明了方向。"要提高海洋资源开发能力，着力推动海洋经济向质量效益型转变"；"要保护

---

① 习近平. 进一步关心海洋认识海洋经略海洋 推动海洋强国建设不断取得新成就 [N]. 人民日报，2013-08-01（1）.

海洋生态环境，着力推动海洋开发方式向循环利用型转变"，彰显了海洋生态文明建设对于经济发展的基础作用；"要发展海洋科学技术，着力推动海洋科技向创新引领型转变"；"要维护国家海洋权益，着力推动海洋维权向统筹兼顾型转变。"①在海洋宏观发展方面，2013年10月，习近平总书记创造性地提出建设"21世纪海上丝绸之路"的构想，借由我国历史上的伟大创举，谋求同海上丝绸之路沿岸国家加强海上交流与合作，通过相互学习、相互帮助发展新型海洋合作伙伴关系。"21世纪海上丝绸之路"和"丝绸之路经济带"所构成的"一带一路"倡议是党中央顺应时代发展规律和全球化浪潮，以开放包容的胸怀作出的伟大部署。无论是实现中华民族伟大复兴，还是实施"一带一路"倡议，都离不开海洋事业的支持与协助，传统的工业文明弊端丛生、疲态尽显，其发展过程中出现的生态负担已经被人类所扬弃，取而代之的必然是追求人与海洋和谐共生的新时代海洋生态文明阶段。

2.3 海洋生态文明建设的理论基础

近年来，海洋生态文明建设越来越引起人们的重视，加快推进海洋生态文明建设已经成为社会各界的共识。海洋生态文明建设是新形势下发展海洋经济、改善海洋资源环境的根本出路。马克思恩格斯的海洋思想、马克思恩格斯的生态观理论、可持续发展理论以及中国共产党主要领导人的海洋生态思想构成了我国海洋生态文明建设的理论基础，为其建设提供理论指导。

---

① 习近平. 进一步关心海洋认识海洋经略海洋 推动海洋强国建设不断取得新成就 [N]. 人民日报，2013-08-01（1）.

2.3.1　马克思恩格斯的海洋思想

马克思和恩格斯用毕生精力深入、系统地探究了资本主义发生、发展、高潮和灭亡的必然过程，得出了一系列惊世骇俗的科学结论。在这期间，海洋也引起了他们的高度关注，在他们的诸多著作中也彰显了他们关于海洋的思想和观点，诸如《海军》《德意志意识形态》《哲学的贫困》《资本论》等，详细阐释了他们关于生态自然观以及关于海洋及其海洋生态的研究成果，为我国的海洋生态文明建设提供了理论指导。

（1）大工业的发展促进了海洋的开发

恩格斯在《德国的制宪运动》里这样说道："整个国内贸易、汉堡和不来梅以及斯德丁一部分的海上贸易的繁荣、银行业的繁荣，都依赖于工业的繁荣。"[①]首先，历史唯物主义的观点认为，经济基础决定上层建筑。一个国家的工业化水平高，相应地其生产力水平也就较高，经济就越繁荣，繁荣的经济需要大量的生产资料和广阔的市场，因此对海上贸易的依赖和需求也就更旺盛，也就越需要做强海上力量来保护自身利益。蒸汽机的发明和应用带来了大工业的发展，进而促进了资本主义生产关系的产生。潜在的利润不断地驱使西方造船与航海技术的突飞猛进，狭窄的陆上贸易通道和欧洲本地市场已经不足以容纳工业时代的产品消费，多种因素共同促使资本主义国家走上海上扩张的道路。马克思的《哲学的贫困》生动地指出："形成工场手工业的最必要的条件之一，就是由于美洲的发现和美洲贵金属的输入而促成的资本积累。"[②]新兴的工业生产推动了生产关系的转变，

---

①　马克思，恩格斯. 马克思恩格斯文集：第四卷［M］. 中共中央马克思恩格斯列宁斯大林著作编译局，译. 北京：人民出版社，1958：60.
②　马克思，恩格斯. 马克思恩格斯文集：第一卷［M］. 中共中央马克思恩格斯列宁斯大林著作编译局，译. 北京：人民出版社，2009：624.

越来越多的农民离开土地走向城市和海外，变成工人或者士兵，促进了封建专制的瓦解和资本主义生产关系的形成。其次，生产力的发展促进了海洋的开发。生产力的高度繁荣，生产出了大量的剩余产品，需要雄厚的消费市场，当本国的市场已充分挖掘，就需要将视野投向国际市场，彼时，世界的交通只有陆地与海洋两种方式。海洋由于其便利的交通运输属性和廉价的使用价格成为了开拓国际市场的主要途径。远洋航海技术的成熟和资本主义的发展是相辅相成的，这个过程不但是资本主义迅速扩张的过程，也是西方国家掠夺资源和占领海外殖民地的过程。客观上，通过这种方式，曾经各自封闭的世界各国逐渐联系在了一起。世界对海洋贸易的依存度不断提高，相应地也催生了对海洋权益的高度重视，不断自主地管控和利用海洋，壮大海上力量的诉求也不断增加。"商品生产和发达的商品流通，即贸易，是资本产生的历史前提。世界贸易和世界市场在16世纪揭开了资本的现代生活史。"①

（2）新航线的开辟促进了世界市场的形成

各自独立的大陆伴随着新航线的开辟逐渐联系在了一起，形成了广阔的潜在市场，同时由于生产力的提高以及商品经济的发达，成为了实实在在的新的世界市场和原材料产地。马克思恩格斯所处的19世纪，由于科学技术的限制，对海洋的利用还比较局限，主要包括海洋运输、近海海洋渔业养殖和捕捞，而对深远海能源、矿产的开发利用还处于空白。各个国家对海洋资源的争夺，归根到底是对世界市场的占有，是对经济利益的渴望，这种渴望愈加强烈，最终导致海上殖民和海上霸权。"暴力仅仅是手段，相反，经济利益才是目的。"②各

---

① 马克思，恩格斯. 马克思恩格斯文集：第五卷［M］. 中共中央马克思恩格斯列宁斯大林著作编译局，译. 北京：人民出版社，2009：171.
② 马克思，恩格斯. 马克思恩格斯文集：第九卷［M］. 中共中央马克思恩格斯列宁斯大林著作编译局，译. 北京：人民出版社，2009：167.

资本主义国家由于经济利益的诱惑，瓜分了已经开辟的世界市场。首先，航运业的繁荣促进了大工业的发展。伴随新航线的开辟，世界商品的流通得到提速，销售市场和销售范围不断扩大，商品销路有了可靠的保证，从而进一步加速了商品的生产和销售，这种循环往复的销售链条，不断激发分工的发展和工业革命的产生。马克思在《共产党宣言》中指出，"市场总是扩大，需求总是在增加。甚至工场手工业也不能再满足需要了。于是，蒸汽和机器引起了工业生产的革命。现代大工业代替了工场手工业。"[①]其次，海洋航线为工业化生产的产品找到了市场，也为资本主义工厂带来了原料。源源不断的工业产品促进了分工的快速出现，极大提高了生产力水平。亚当·斯密在《国富论》中指出，促使生产力水平指数级增长的原因就是分工的出现。每个国家的生产和消费由于世界市场的出现都成为了世界性的活动。随着新航线的开辟，航海技术得到了飞速发展，远洋航运极大促进了对海洋运输通道的利用，国家之间的竞争也由陆地竞争转移到了海上竞争，各国的商船满载着货物往来于大西洋和太平洋之间，强大的海上军事力量成为保障国家安全的重要屏障。海洋架起了国与国之间沟通的桥梁，同时，大工业生产出的大量商品也通过海洋在世界市场转化为货币。而这些货币的产生，又为进一步扩大生产做好了物质准备。恩格斯在《论封建制度的瓦解和民族国家的产生》一文中，这样论述道："航海业确确实实是资产阶级的行业，这一行业也在所有的现代舰队上打上了自己的反封建性质的烙印。"[②]由此可见，恩格斯赋予了航运业反封建的任务和资产阶级的属性。

---

① 马克思，恩格斯. 马克思恩格斯全集：第二卷［M］. 中共中央马克思恩格斯列宁斯大林著作编译局，译. 北京：人民出版社，2009：32.
② 马克思，恩格斯. 马克思恩格斯文集：第四卷［M］. 中共中央马克思恩格斯列宁斯大林著作编译局，译. 北京：人民出版社，2009：217.

（3）资本逻辑是加速海洋发展的巨大动力

在资本主义生产过程中，资本雇佣劳动力，创造出剩余价值，只有当商品销售出去，才能实现剩余价值的资本化。"商品价值从商品体跳到金体上，像我在别处说过的，是商品的惊险的跳跃。这个跳跃如果不成功，摔坏的不是商品，但一定是商品所有者。"①资本家都要遵循资本主义的经济规律，想方设法扩大市场，将商品销售出去，以获得更多的资本积累。首先，资本逻辑是获得生产力发展的主要推手。资本主义工业化生产的主动权在资本家手中，资本家为了获取更多的剩余价值，通过不断改进生产技术、雇佣熟练工人等方式缩短个别劳动时间，从而获取更多的剩余价值。资本的内在逻辑促使资本家必须不断扩大商品生产，增加剩余价值，并将货币应用于下一阶段的社会再生产，扩大资本主义生产规模。这种不断往复、持续推进的过程，不断扩大资本主义的生产能力。其次，资本逻辑加速了海洋的开发。由于资本逻辑，生产规模不断扩大，对原材料市场以及商品销售市场的需求也随之扩大。"为了不致溃灭，资产阶级就要一往直前，每天都要增加资本，每天都要降低产品的生产费用，每天都要扩大商业关系和市场，每天都要改善交通。世界市场上的竞争驱使它这样做。"②为了不断扩大商品销售市场，资本家们不得不奔走于世界各地。通过航运，世界市场逐渐形成了起来。资本家们意识到，要想进一步扩大市场，海洋是重要的交通通道，大力开发海洋、利用海洋资源是大势所趋。在这种发展的大环境下，海洋的重要性不言而喻，需要通过大力发展海军，维护海上安全，保证运输通道的安全。

---

① 马克思，恩格斯. 马克思恩格斯文集：第五卷［M］.中共中央马克思恩格斯列宁斯大林著作编译局，译. 北京：人民出版社，2009：127.
② 马克思，恩格斯. 马克思恩格斯全集：第四卷［M］.中共中央马克思恩格斯列宁斯大林著作编译局，译. 北京：人民出版社，1958：65.

2.3.2 马克思恩格斯的生态自然观

马克思主义生态自然观思想是马克思主义理论体系的重要组成部分。它以实践唯物主义为基础，研究人与自然的关系，揭示人类进化与社会发展之间的内在统一性，指出资本主义是导致生态危机的根源，没有资本主义大工业的无序、无度的海洋资源开发，就没有后来不断恶化的海洋生态环境，也就没有之后一系列以伦敦毒雾事件为代表的生态悲剧的发生。归根到底，是资本主义早期在工业发展中无视人与自然的关系，没有坚持正确的生态自然观。

马克思恩格斯从多个不同维度，严谨、科学地分析论证了人与社会、人与自然的关系，创造性地提出了"实践的人化自然观"。马克思尖锐地指出，劳动并非一切财富的源泉，物质的价值也不是一成不变的。人类对自然的主观认知并不决定物质财富的价值，物质财富是由使用价值构成。因此，马克思得出结论，人的劳动和自然物质两方面构成了所谓的物质财富，"劳动并不是它所生产的使用价值即物质财富的唯一源泉。正像威廉·配第所说，劳动是财富之父，土地是财富之母。"[1]马克思恩格斯在这一时期充分认识到了自然生态环境的优劣影响着人类生活质量。"撇开社会生产的不同发展程度不说，劳动生产率是同自然条件相联系的。"[2]马克思恩格斯的观点认为决定人的生产劳动能力和成果的重要前提就是自然因素，人与自然生态系统的和谐共生不仅是人类活动的目的，更是人类赖以生存的前提条件。

（1）人与自然的辩证统一

马克思恩格斯认为，自然界先于人类而存在，是人类赖以生存和

---

[1] 马克思，恩格斯. 马克思恩格斯全集：第四十四卷［M］.中共中央马克思恩格斯列宁斯大林著作编译局，译. 北京：人民出版社，1979：56.
[2] 马克思，恩格斯. 马克思恩格斯全集：第二十三卷［M］.中共中央马克思恩格斯列宁斯大林著作编译局，译. 北京：人民出版社，1979：560.

发展的前提和基础。人类不应该妄图凌驾于自然之上而去掠夺自然。首先，人是自然的产物。自然具有相对于人类而言的先在性和客观性。人和人的意识都是自然界长期发展的产物。在《自然辩证法》中，恩格斯指出："我们必须时时记住，我们统治自然，绝不像征服者统治异族一样，绝不像站在自然界以外的人一样——相反地，我们连同我们的肉、血、头部都属于自然界，存在于自然界的。"[①]其次，人类依赖于自然界。人类不能脱离自然界而存在，人类的存在与发展无时无刻不与自然进行的物质、信息、能量等方面的交换相关。自然环境为人类提供了生存的土壤，提供了必不可少的物质资料。"实际上，人的万能正是表现在他把整个自然界——首先就它是人的直接的生活资料而言，其次，就它是人的生命活动的材料、对象和工具而言——变成人的无机的身体。自然界就它本身不是人的身体而言，是人的无机身体，人靠自然来生活。"[②]最后，客观上自然对人的约束，主观上人对自然的积极适应。自然相对于人的先在性、人地关系属性等因素决定了自然对人的约束。自然界中的任何生物脱离了自然便无法生存，其中当然也包括了人类。复杂丰富的自然是人类生存的物质基础，精神依附于肉体，肉体依赖于自然。人类要想生存，就需要不断认识自然、利用自然、改造自然。人与动物的不同之处就在于动物对自然的适应是被动的、消极的，而人类是有意识的，人类将自身的内在尺度和客观自然界的外在尺度相结合，发挥自身的主观能动性，积极地改变自然。"动物只是按照它所属的那个种的尺度和需要来构造，而人却懂得按照任何一个种的尺度来进行生产，并且懂得处处都

---

① 马克思，恩格斯. 马克思恩格斯选集：第三卷 [M].中共中央马克思恩格斯列宁斯大林著作编译局，译. 北京：人民出版社，2012：518.
② 马克思. 1844年经济学哲学手稿 [M]. 中共中央马克思恩格斯列宁斯大林著作编译局，译. 北京：人民出版社，2000：49.

把内在的尺度运用于对象；因此，人是按照美的规律来构造。"①

（2）劳动实践是自然和社会统一的桥梁

人是自然界的一部分，那么人类又是怎样将自身生活的社会与自然界统一在一起的呢？马克思认为，一般的动物天然地统一在自然之中，而人与自然的统一则需要一个桥梁纽带。于是，劳动实践的概念应运而生。首先，人是属人的存在物，是类存在物。"人不仅仅是自然存在物，而且是人的自然存在物，也就是说，是为自身而存在着的存在物，因为是类存在物。他必须既在自己的存在中也在自己的知识中确证并表现自己。"②恩格斯也指出，人类与自然的关系之所以高于动物与自然之间的关系，原因就在于人类基于主观的生产劳动。在《自然辩证法》中，恩格斯指出："动物也进行生产，但是它们的生产对周围自然界的作用在自然界面前只等于零。只有人才给自然界打上自己的印记，因为他们不仅变更了植物和动物的位置，而且也改变了他们所居住的地方的面貌、气候，他们甚至还改变了植物和动物本身，使他们活动的结果只能和地球的普遍死亡一起消失。"③其次，劳动实践不断将自在自然转化为人化自然。马克思批判了黑格尔和费尔巴哈的抽象自然观的历史局限性，创立了以现实的人与感性的自然界的对象性关系为基础的人化自然观，并引入了实践的概念。实践是人类特有的活动方式。实践活动作为一种中介，一方面把人类和自然界联系了起来，另一方面人类在能动地改造自然界的同时也形成了一定的社会关系。实践是重新认识和理解人与自然关系的钥匙。人类通过发挥主观能动性，将客观存在的自在自然经过劳动实践的改造，变

---

① 马克思. 1844年经济学哲学手稿 ［M］. 中共中央马克思恩格斯列宁斯大林著作编译局，译. 北京：人民出版社，2000，58.
② 马克思，恩格斯. 马克思恩格斯全集：第四十二卷 ［M］. 中共中央马克思恩格斯列宁斯大林著作编译局，译. 北京：人民出版社，1979：169.
③ 马克思，恩格斯. 马克思恩格斯选集：第三卷 ［M］. 中共中央马克思恩格斯列宁斯大林著作编译局，译. 北京：人民出版社，2012：457.

成人化自然。"劳动首先是人和自然之间的过程,是人以自身的活动来引起、调整和控制人与自然之间的物质变换的过程。"①马克思批判费尔巴哈机械论抽象自然观:"他没有看到,他周围的感性世界绝不是某种开天辟地以来就已存在的、始终如一的东西,而是工业和社会状况的产物,是历史的产物。"②人类的实践活动将自在自然不断转化为人化自然,人类从自然界中获取生产和生活资料,从而不断地生存和发展,随着社会生产力的发展,人类在更大范围、更多领域采用新技术、新方法征服自然,这也是人类比动物高级的关键所在。人的实践活动使得自然不断被赋予人的特性,人的愿望和要求被对象化在自然之中。以实践为中介,自然和社会交织和统一在了一起。

(3)人与自然的"和解"

马克思不仅论述了人与自然的关系,并在此基础上,深刻论证了人与社会之间的关联,并指出了社会形态的不同也会对人与自然的关系产生影响。人与自然之间的矛盾,一方面是由于人类的无知和实践水平的落后,另一方面也与社会关系有千丝万缕的联系。因此,马克思认为,要实现人与自然的"和解",缓解人与自然的紧张对立关系,必须建立生态化的自然观。首先,社会形态的不同影响人与自然的关系。马克思一直强调不能脱离社会历史的角度而孤立地去考察人与自然的关系。人"对自然的特定关系是受社会形态制约的",③社会形态不同,人与自然、人与人的关系也不同。"我们只能在我们时代的条件下进行认识,而且这些条件达到什么程度,我们就认识到什么程度"。④人与自然的关系只有通过人与社会的关系才能表现出来。

---

① 马克思. 资本论:第一卷 [M]. 中共中央马克思恩格斯列宁斯大林著作编译局,译. 北京:人民出版社,2004:207-208.
② 马克思,恩格斯. 马克思恩格斯选集:第三卷 [M]. 中共中央马克思恩格斯列宁斯大林著作编译局,译. 北京:人民出版社,2012:48.
③ 马克思,恩格斯. 马克思恩格斯选集:第一卷 [M]. 中共中央马克思恩格斯列宁斯大林著作编译局,译. 北京:人民出版社,2012:35.
④ 马克思,恩格斯. 马克思恩格斯选集:第三卷 [M]. 中共中央马克思恩格斯列宁斯大林著作编译局,译. 北京:人民出版社,2012:562.

在《政治经济学批判》中，马克思将人类社会划分为三个发展阶段，即前资本主义社会的"人的依赖关系"阶段、资本主义社会的"物的依赖关系"阶段和共产主义社会的"个人全面发展"阶段。这三种社会形态显示出人的存在状态的历史发展变化。资本主义的确给经济社会带来了积极的发展变化。但是，对剩余价值的过度追求造成了资本主义对自然最普遍的占有和掠夺。在资本主义条件下，人与自然的关系就其实质和内容来讲，可以看作资本与自然的关系，是资本对自然的占有。一切关系都变成了异化关系。工人的劳动不属于他们本身，而属于资本家。资本主义的生产目的导致科学技术成为自然的敌人。片面追求利益最大化，漠视自然、冷酷对待自然，最终必然导致自然成为生产剩余价值的工具。在这样的环境下，人的实践活动及其产品变成异己力量，反过来统治人，造成了人的异化。追根溯源，资本主义制度造成了人的异化。其次，马克思恩格斯从资本主义发展的根本逻辑出发，揭示了私有制和对剩余价值的无限度追求是资本主义不可避免的历史现象，也是导致人的异化的症结所在。资本主义本身的反生态性使得生态环境恶化不可避免，摈弃以资本的内在逻辑为核心的资本主义生产方式，按照最符合人性的方式去组织生产，建立共产主义社会是实现人与自然和解的唯一途径。正如马克思所说："这种共产主义，作为完成了的自然主义，等于人道主义，而作为完成了的人道主义，等于自然主义，它是人和自然界之间、人和人之间的矛盾的真正解决，是存在和本质、对象化和自我确证、自由和必然、个体和类之间的斗争的真正解决……它是历史之谜的解答，而且知道自己就是这种解答。"①从这段文字可以看出，马克思所指的共产主义社会是人与自然和谐的社会，是人道主义和自然主义真正结合的社会，是

_____

① 马克思，恩格斯. 马克思恩格斯全集：第四十二卷［M］. 中共中央马克思恩格斯列宁斯大林著作编译局，译. 北京：人民出版社，1995：120.

自然的人道化和人道的自然化的社会。共产主义条件下的人与自然的统一，是建立在人的自由全面发展基础之上，自然不再作为异己的对象性存在与人类对立，自然界的一切财富成为自我发展的条件。

2.3.3 可持续发展理论

可持续发展的理念最早可以追溯到 1962 年蕾切尔·卡逊的《寂静的春天》的问世，这本著作第一次系统全面地介绍了环境保护的重要性和紧迫性，在生态文明领域具有里程碑的意义。在生态文明理论研究与实践探索中，形成了一大批具有影响力的理论成果，可持续发展理论就是其中最具代表性的一个。1980 年《世界自然保护大纲》问世，这部文件由联合国环境规划署委托国际自然资源保护同盟起草制定，该文件提出了可持续发展理论的雏形，指出"人类利用对生物圈的管理，使得生物圈既能满足当代人的最大需求，又能保持其满足后代人的需求能力"。这部文件可以看作保护世界生物资源的纲领性文件。1987 年 2 月，第八次世界环境与发展委员会通过的报告《我们共同的未来》，丰富和发展了可持续发展的概念，该报告提出"既满足当代人的需要，又不对后代人满足其需要的能力构成危害的发展"，这一定义得到国际社会广泛接受。我国对可持续发展也给予了足够的重视。1994 年，国务院批准了《中国 21 世纪议程——中国 21 世纪人口、环境与发展白皮书》，该议程构筑了一个渐进的、宏观的可持续发展战略架构，这是我国走向美丽、和谐 21 世纪的新起点。中国共产党第十六次全国代表大会把"可持续发展能力不断增强"作为全面建设小康社会的目标之一。可持续发展是以保护自然资源环境为前提条件，以刺激经济发展为动力，以改善和提高人民生活水平为最终目标的发展理论和战略。它是一种崭新的发展理念、道德规范和文明向度。此概念一经提出即在学术界和国际社会产生强烈反响，经过 40 年的不断演进和实践，可持续发展理念深入人心，成为国际社会普遍认可的发展模式，纵然各国各地区实际发展状况略有不同，但都将可持续发展应用于生产生活，实现多样性、多模式的可持续发展道路。

海洋可持续发展理论由可持续发展理论演进而来，可以从社会学、生态学和经济学等不同方向阐释该理论的具体含义。社会学方向以海洋社会发展、海洋利益均衡等为基本内容，强调实现海洋经济效益与海洋生态效益的共赢；生态学方向以海洋生态保护、海洋生物多样性和海洋资源合理开发为主要内容，注重"海洋生态保护与海洋经济发展之间的合理平衡"；经济学方向以优化产业布局、协调区域开发、调整产业结构、统筹物质资源等为主要内容，将最优海洋资源与海洋经济产业效益最大化作为海洋可持续发展的重要标准。

虽然不同国家、不同区域的发展阶段不同，发展的目标也各不相同，但海洋可持续发展理论强调发展的本质是实现人与人、人与海洋、人与社会平等、自由、和谐、友善的关系，既要提高人类生活质量，又要提高人类健康水平。具体来看，海洋可持续发展理论应该有以下三个方面的内容：首先，人海关系理论。人海关系是传统人地关系的天然组成部分。它包括两方面的内容，一是海洋对人类社会的影响与作用；二是人类对海洋的认知与把握。强调人海关系过程中的响应与反馈，其核心是追求人与海洋的高度和谐与统一。其次，循环经济理论。当前的经济运行模式还停留在依靠资源加工—生产产品—消费产品—废弃产品的模式下，而循环经济是依靠科技创新和产业进步，把传统的依赖资源消耗的线性增长的经济，转变为依靠生态型资源循环发展的经济产业类型，实现海洋经济产业的跨越式发展，从前工业文明直接进入到生态文明阶段。其根本目标是通过自然资源的高效利用和循环利用，最终实现低污染甚至零污染，在生产环节倡导集约化生产、在消费环节追求低碳环保、绿色消费，统筹生产生活的各个环节，建立贯穿人类社会和自然环境的循环经济圈，最大程度优化社会效益和生态效益。最后，海洋生态安全理论。海洋生态安全通常是指海洋生态系统的健康和完整情况，是人类在经济活动、社会活动、人身安全和健康等方面不受海洋生态破坏与环境污染等限制条件影响的保障程度。在安全的海洋生态环境中，人与各类自然主体能够实现自身发展，海洋生态系统稳定、健康、可持续，反之，不安全的海洋生态系统中的所有自然主体都受到威胁，海洋生态结构不稳定也不可持续。

2.3.4 中国共产党主要领导人的海洋生态思想

中国共产党从成立之日起就特别注重将马克思主义的普遍真理与中国的具体实际相结合，在实践中不断丰富和发展中国化的马克思主义理论，取得了毛泽东思想、邓小平理论、"三个代表"重要思想、科学发展观、习近平新时代中国特色社会主义思想等重大理论成果。其中党的历代中央领导集体和领导人在不同时期根据国家发展面临的海洋和生态问题所形成的理论和实践探索，构成了我国海洋生态文明建设的理论来源。

（1）毛泽东同志关于海洋生态的理论与实践。新中国成立初期，国家发展面临着巨大的困难和挑战，对外面临着以美国为首的西方国家经济封锁和制裁，对内国民党残余势力依旧威胁着国家的稳定和团结。在毛泽东同志的坚强领导下，中国政府大力发展生产以恢复国民经济，实现我国由农业国向工业国转变。毛泽东同志在早期就已经意识到保护生态环境的重大意义，并提出通过开发利用可再生资源和开展植树造林活动保护和改善生态。党中央于1973年8月在北京召开了第一次全国环境保护会议，这次会议对我国部分地区出现的生态环境遭受严重破坏现象展开具体讨论研究并进行统一部署，确定把环境保护工作作为我国社会主义建设中的重点问题加以解决。毛泽东同志强调，我国的自然资源相对于日益增多的人口并非绝对的优势，无休止的索取和破坏最终会导致自然资源的枯竭和生态环境的恶化。同时，坚决捍卫国家海洋权益，收回了近代以来被帝国主义侵占的海洋主权，使中国终于恢复到一个拥有独立主权的国家。面对冷战时期敌对国家的海上封锁和贸易禁运，党和政府通过一系列外交措施和经济手段，巧妙解决了进出口物资的海上运输难题，在帝国主义封锁的夹缝中维护了国家尊严和海洋权益。但是国家所面临的海洋安全问题形势依旧紧迫。

（2）邓小平同志关于海洋生态的理论与实践。邓小平同志作为我国改革开放的总设计师，准确预测了国家发展和世界格局的走势，对战争与和平这一关系国家存亡的重大安全问题作出了科学分析与大胆论述，使得中国抓住了百年来没有过的和平环境发展机会，在对内改革、对外开放的国策指导下，中国进入了前所未有的高速发展时期。此外，在理论创新方面，邓小平同志极大丰富和发展了马克思主义生态观的基本思想，在科学分析了我国的基本发展状况的基础上，提出了人口增长、经济发展与环境保护之间相互依托又相互制约的关系。邓小平同志认为，改革开放的突破口应当在海洋，因此将东南沿海作为经济发展方式转变的试验场，把海洋作为对外开放的平台，作为世界范围内引进来和走出去的主要途径之一。海洋作为连接世界各国的媒介，其支撑全球经济运行，开展交流与合作等方面的优势得到了充分的运用。另一方面，尽管和平与发展是当今世界的主题，但是局部的摩擦和矛盾特别是海洋权益纠纷却也从未止息。海洋权益作为最重要的国家权益之一，在外交和资源开发等领域的争议纠葛在海洋事业发展进程中逐渐显现。中国与周边海上邻国之间有着复杂难解的领土争议，由于涉及主权问题和巨大的经济利益，各国都不肯轻易让渡权益。为了不使领土争议成为中国与周边邻国发展关系的障碍，掣肘国家发展的大局，邓小平同志以大智慧和大视野提出了"搁置争议、共同开发"的理念，为双方遵守原则、解决国家之间海洋争议提供了依据。这一理念在解决中国海洋争端问题，尤其是东海及南海问题上，缓解了中国与周边海上邻国的矛盾，改善了中国的国家环境，为我国抓住机遇尽快发展赢得了宝贵时间，得到了国际社会的广泛认可和赞许，同时也为国际上存在的类似问题提供了一个解决的范例。该思想一直沿用发展至今，为新时期解决海洋权益争端问题，提供了一个成功的范式。

（3）江泽民同志关于海洋生态的理论与实践。江泽民同志充分继承了马克思主义生态观的思想理念，认为应厘清生态保护、经济发展和社会进步之间的哲学关系，其目的是服务于人类社会的和谐发展，具体实践要以改善民众的生活环境为出发点，强调经济发展与生态环境保护之间的平衡关系，二者相互协调、缺一不可。江泽民同志认为生态环境是生产力的一部分，提出保护环境就是保护生产力的思想，并深刻地指出："海洋蕴藏着远比陆地丰富得多的资源，是人类生存与发展的重要空间"；"我国人均陆地面积仅为世界人均陆地面积的四分之一，陆地人均资源占有量大大低于世界人均水平。随着时间推移，我国陆地资源短缺的情况将变得突出起来，势必制约经济发展。可以肯定，开发和利用海洋，对于我国的长远发展将具有越来越重要的意义"。[1]为了体现这一理念，"维护国家海洋权益"被写进党的十五大、十六大报告，海洋权益被上升为国家主权的重要内容。

20世纪90年代初，在党中央的领导下，我国对海洋经济发展作出了整体规划、全面布局，沿海省市建立健全了统一的海洋管理体

---

① 刘永路. 江泽民新海洋安全观的理论新贡献 [J]. 政工学刊，2006（2）：14.

制。特别是在 1991 年，召开了首次全国海洋工作会议，标志着中国正式进入对海洋的全面开发阶段。1993 年，为了改变海域使用"无序、无度、无偿"的混乱局面，国家制定发布了《国家海域使用管理暂行规定》，海洋资源开发利用渐入正轨。1995 年，面对经济发展带来的生态环境和资源紧张等问题，江泽民同志强调："中国陆地资源短缺的情况将日益加剧，势必制约中国经济的可持续发展。"并着重指出"积极寻找和开发新的资源，开发和利用海洋，将对我国的长远发展具有越来越重要的意义"。在江泽民同志发展海洋经济的思想指导下，国务院陆续出台了多项与海洋发展相关的政策方针，启动了"科技兴海行动计划"、制定了《国家海洋技术政策要点》《全国海洋开发规划》和《中国海洋 21 世纪议程》等文件。为我国海洋产业发展作出了重要规划，为实现我国海洋产业振兴和海洋资源科学利用打下了基础，进一步确立了海洋在国民经济和社会发展中的重要作用。

（4）胡锦涛同志关于海洋生态的理论与实践。胡锦涛同志继承和发展了马克思主义生态观，结合当代中国的社会实践，不断深化对统筹人与自然和谐发展的认识。党的十八大报告中首次将生态文明建设纳入中国特色社会主义"五位一体"总体布局，体现了我们党始终坚持执政为民、以人为本的发展理念。21 世纪被称为海洋世纪，海洋成为临海国家谋求生存和发展的必争之地，海洋事业的发展影响着每一个国家的前途命运，也深刻左右着世界地缘政治格局的变化。面对新形势与新挑战，以胡锦涛同志为主要代表的中国共产党人创造性地提出了建设"和谐海洋"和"海洋强国"等一系列关乎未来我国海洋发展的战略构想，既是对历代党和国家领导人的中国特色海洋观的理论继承，又在实践上把中国特色海洋观发展到一个崭新阶段。胡锦涛同志指出："开发海洋是推动我国经济社会发展的一项战略任务，要加强海洋调查评价的规划，全面推进海域使用管理、加强海洋环境保护、促进海洋开发和经济发展。"2002年到2012年的十年间，我国的经济发展特别是海洋经济产业的发展取得了巨大成就。在以胡锦涛同志为主要代表的中国共产党人的带领下，在科技驱动发展，人才带动创新的基础上，我国的海洋事业发展坚持陆海统筹、可持续发展的海洋开发原则，坚持"规划用海、集约用海、生态用海、科技用海、依法用海"的要求，总体上实现了科学有序地开发利用海洋资源，有效推动了海洋经济的快速发展。

面对海洋事业发展中遇到的困境，胡锦涛同志将和谐的理念注入到海洋事业的发展观念中，为建设和谐海洋作出重要的贡献。2009年，胡锦涛同志在出席庆祝人民海军成立60周年海上阅兵活动上发表重要讲话，对和谐海洋的内涵作出了全面细致的解读，"推动建设和谐海洋，是建设持久和平、共同繁荣的和谐世界的重要组成部分"。[①]在《联合国宪章》《联合国海洋法公约》等国际性条约的共同作用下，创造了各国加强交流、开展海上安全合作的有利条件，对维护稳定的世界海洋格局，建设和谐海洋具有重要导向作用。胡锦涛同志强调"中国将坚定不移地走和平发展道路。这条发展道路决定了中国必然坚持防御性的国防政策。不论现在还是将来，不论发展到什么程度，中国都永远不称霸，不搞军事扩张和军备竞赛，不会对任何国家构成军事威胁"。[②]胡锦涛同志的和谐海洋理念，是对马克思主义人与自然和谐发展理论的科学解读和中国化发展，对我国社会长期的稳定和促进世界和平有着重要深远的意义。

（5）习近平总书记关于海洋生态的理论与实践。党的十八大以来，以习近平同志为核心的党中央，高度重视海洋生态文明建设和海

---

① 曹国强. 胡锦涛会见参加中国人民解放军海军成立60周年庆典活动的29国海军代表团团长［N］. 人民日报，2009-04-24（1）.
② 曹国强. 胡锦涛会见参加中国人民解放军海军成立60周年庆典活动的29国海军代表团团长［N］. 人民日报，2009-04-24（1）.

洋强国建设，针对新时期的海洋事业发展提出了一系列新思想、新论断、新要求，转变海洋经济发展的思路，加大海洋生态环境修复力度，取得重大成就，逐步形成了海洋生态文明建设的系统部署，将我国的海洋生态文明建设和海洋强国建设推进到了前所未有的历史新高度。党的十八大以来，习近平总书记就生态文明、生态文明建设发表了一系列重要讲话，做了大量专门论述和重要指示批示，提出了许多充满哲学思辨、经济理性、人文情怀、全球视野的崭新科学论断。大力推进生态文明理论创新、实践创新、制度创新，不断深化对生态文明建设规律的认识，形成了习近平生态文明思想，为全面推进建设人与自然和谐共生的现代化提供了根本遵循。习近平总书记关于生态文明的一系列重要论述是在理论继承和实践探索的基础上，基于全球生态环境进一步恶化、经济社会发展与资源环境问题矛盾日益凸显、我国资源危机和环境危机日趋严峻的背景下对人与自然关系的再认识，对经济发展和生态环境关系的再审视。

习近平总书记多次从生态文明建设的宏观视野阐释"山水林田湖是一个生命共同体"，并指出"人的命脉在田，田的命脉在水，水的命脉在山，山的命脉在土，土的命脉在树。用途管制和生态修复必须遵循自然规律，如果种树的只管种树、治水的只管治水、护田的单纯护田，很容易顾此失彼，最终造成生态的系统性破坏。由一个部门行使所有国土空间用途管制职责，对山水林田湖进行统一保护、统一修复是十分必要的"。[1]习近平总书记用"生命共同体"这一论断高屋建瓴地阐释了人与自然环境唇齿相依的关系，反映了人类共同利益和共同价值的新内涵，是响彻国际舞台的中国声音，唤醒了人与自然关系的伦理考量，展现了尊重自然、顺应自然、关爱生命的时代旋律，

---

① 习近平. 关于《中共中央关于全面深化改革若干重大问题的决定》的说明 [J]. 求是，2013（22）：19-27.

是人类为自身寻求通向未来的大战略。习近平总书记用"命脉"这一概念将人类与山水林田湖紧紧地联系在了一起，要求人们像保护自己的眼睛一样保护自然生态环境；要像珍惜生命一样珍惜我们的自然家园，凸显了人类生存发展的根基所在，反映了人类对健康生存状态的客观需要与价值认同。"生命共同体"将人类赖以生存的自然环境赋予属人的特性，肯定了自然界的生命价值，科学解释了人与自然的最原始的伦理道德关系，那就是人与自然万物的关系从根本上反映了当下人与人之间的环境利益状态，需要妥善处理好不同区域之间、当代人与后代人之间在分配和享受自然资源、承担环境责任等方面的利益关系。

为了深刻理解海洋生态文明的重要性，2013年7月30日，在中央政治局第八次集体学习时，习近平总书记强调："要下决心采取措施，全力遏制海洋生态环境不断恶化趋势，让我国海洋生态环境有一个明显改观，让人民群众吃上绿色、安全、放心的海产品，享受到碧海蓝天、洁净沙滩。"海洋生态文明建设是我国海洋事业总体布局中的重要一环，海洋资源开发必须坚持开发和保护并重、污染防治和生态修复并举的原则。习近平总书记提出的有关海洋生态文明建设的一系列指示和要求，为我国取得海洋生态文明建设的伟大成就指明了方向。习近平总书记要求我们不但要在经济、政治、文化、社会建设等方面取得成就，而且必须在海洋生态文明建设方面建功立业，使人民群众切实感受到国家的现代化和经济发展带来的实惠。习近平总书记提出树立"绿水青山就是金山银山"的强烈意识，实现海洋生态文明就是要建设海上"绿水青山"，这是指导我国海洋经济绿色发展的思想基础。绿色发展体现了以习近平同志为核心的党中央切实为民众谋幸福的执政理念，其在实现形式上表现为发展绿色经济和加强环境治理两大内容。我国海洋事业的绿色发展必须坚持海洋资源的集约利用和海洋生态环境的平衡，这是一个获得经济效益的同时又取得环境效益的过程，这个过程的实现需要科学的理论指导、规范的法律保护和一定的经济基础。

"环境就是民生，青山就是美丽，蓝天也是幸福"，打造人与自然"生命共同体"是中国共产党在历史发展的新的关键时期，面对复杂局势，辩证、深刻地将马克思主义理论与中国的具体实际相结合的又一伟大创举，传承了中国的文化传统，顺应时代发展潮流，具备旺盛的生命力和发展的原动力。历史和现实不断证明，生态环境问题必须从人类整体的共同利益角度来认识，经济活动的生态环境影响必须从全球范围来看待，有关可持续发展的行动必须在全球范围内来协同推行。海洋的自然属性是开放的，是联结世界各国的纽带，这种属性决定了在我国海洋生态文明建设的过程中，不仅要从国内出发，有序开发和使用海洋资源，积极主动顺应海洋生态系统的自然规律，推动海洋与人类的共同可持续发展；还要从全人类的视角，树立"生命共同体"的理念，树立全球意识、全局观念，充分认识到合理开发海洋资源、发展海洋事业绝非一国或一族之力可解决，而应放眼世界，借助共建"一带一路"倡议的实施，促使"生命共同体"成为全人类共同的海洋行动指南。

3

我国海洋生态文明建设的内容特征和基本原则

海洋生态文明建设作为我国生态文明总体布局中的关键组成部分，其内容特征与基本原则应当符合我国生态文明的基本内涵。海洋生态文明建设是一项长期、复杂的社会工程，其依靠力量应当是包括政府、公众、企业、媒体以及非政府组织等在内的多个主体，要形成社会合力，力求多方联动、优势互补。从主要内容来看，我国的海洋生态文明建设应当包括海洋生态文明意识、海洋生态文明行为、海洋生态文明产业、海洋生态文明道德和海洋生态文明制度等五大系统的建设。海洋生态文明建设涉及人们的生产方式、生活方式和海洋观念等各方面的变革，对我国海洋事业的影响广泛而深刻，其显著特征是开放性、整体性、协调性和持续性。良好的海洋生态是海上丝绸之路的重要保障。因此，我国的海洋生态文明建设既要深入贯彻习近平总书记系列重要讲话精神、顺应当前建设海洋强国的总体方向，又需要符合海洋生态文明的规律和特征，服务于人民生活水平提高和国家海洋战略。在海洋生态文明理论研究的基础上，结合我国现阶段发展实际，坚持以人为本原则、陆海统筹原则、政府主导原则和有序推进原则。

3.1　我国海洋生态文明建设的主要内容

从面向未来、面向全球的视角出发，我国海洋生态文明建设的基本内容不应当局限在控制海洋污染和海洋环境保护等传统领域。第一，海洋生态文明的核心是构建人类与海洋、人与自然的和谐共生，其本质是发挥人的主观能动性来调整人与海洋的关系，因此，在全社会构建海洋生态文明意识是我国海洋生态文明建设的重要内容。第二，海洋经济的繁荣是维护海洋生态平衡的物质基础，没有强大的经济基础，海洋生态文明就无法建立，推动先进海洋生态产业与优良海洋生态环境的良性循环是我国海洋生态文明建设的重要课题。第三，规范人们的生产生活行为方式是实现海洋生态文明建设持续性的主要方式。人的行为文明与否，决定了海洋生态文明建设的最终成败。第四，确立海洋生态文明道德体现了人与海洋的平等观，是实现海洋经济发展的道德基础，是海洋生态法规建设的补充。第五，严格落实依法治海的方针，建立健全海洋生态法律、法规、政策和舆论导向机制，形成激励制度与约束制度完备的海洋生态文明制度。

3.1.1 构建海洋生态文明意识

海洋生态意识是人类对海洋生态各构成要素的认知水平的概括，主要包含了海洋生态责任意识、海洋生态价值意识、海洋生态发展意识和海洋生态协调意识等。以负责任的态度、科学严谨地看待海洋生态的重要性、强调海洋生态的可持续性、自觉保护海洋生态环境是海洋生态意识文明的主要内容。

构建海洋生态文明意识的目的是让人们能够主动承担必要的社会责任，校正一部分短视和歪曲的海洋生态价值取向，确保人们正确地对待海洋资源和海洋生物；树立海洋可持续发展意识，确保当前经济活动不占用和破坏后代的海洋利益。一段时期以来，由于我国还没有建立起海洋生态文明意识，对海洋资源掠夺式开发、无视海洋生态环境状况的发展模式还较为普遍，生态资源浪费严重、海洋生物多样性下降等海洋生态环境问题正威胁着我国海洋生态安全。因此，在全社会构建海洋生态文明意识，可以帮助人们更加准确地了解海洋生态环境的现状，正确审视自身行为，理性思考对海洋生态安全的伦理责任，对自身行为加以矫正。当前，民众对海洋生态水平的期望值越来越高，对优质的海洋生态环境和丰富的海洋生态资源有着强烈的期盼，但不可避免的是，普通民众不仅是海洋生态的受益者，也是海洋生态的破坏者和海洋污染物的制造者，目前，我国民众特别是内陆地区民众海洋生态责任意识、海洋生态价值理念还比较薄弱。因此，要搭建起政府、用海者、教育机构与社会组织"四位一体"的海洋生态意识普及与教育平台。

第一，海洋生态意识的普及离不开政府组织和媒体平台的宣传引导。具体说来，就是政府和舆论媒体拥有最高的公信力和最广泛的宣传能力，首先要树立海洋生态发展意识，然后利用自身优势加大海洋生态文化知识的普及与宣传力度，倡导正确海洋价值观念。强化公民海洋生态意识不仅仅是建设海洋生态文明的根本途径，更是实现海洋事业可持续发展的思想保障。构建海洋生态意识文明，除了需要了解海洋生态、钻研海洋生态理论的专家型人才，更需要大量热爱海洋、重视海洋可持续发展的民众，实现此目标需要政府和相关媒体发挥强大的引导与扶持作用。要重视新媒体与传统媒体的宣传作用，有条件的要组织免费的全民教育与培训，推动海洋生态意识普及。

第二，高等院校往往聚集了大量专家学者，涉海高校中更加具备海洋智力资源的聚集优势。因此，有条件的高校要提高海洋生态文明建设的科研创新能力，在科研经费和人力资源方面予以一定倾斜，不断充实海洋生态意识领域的理论体系，丰富科研产品。另外，学校教育是公民海洋生态意识教育的主要阵地，各类院校应不断加强对学生的海洋知识普及，通过不断创新宣传教育的手段与途径，深入对青少年乃至成年人进行海洋生态意识教育。通过学校和社会的各种学习、宣传、教育活动将海洋生态意识植根于全社会中，逐步使广大人民群众成为既享受海洋物质财富又重视海洋生态价值的新时期"海洋公民"。有了强大的海洋生态意识文明基础，海洋生态文明建设才有可能成功。

第三，引导企业（用海者）树立和强化自身的海洋生态责任意识，把提高污染物排放标准和净化能力作为长期发展的重要指标来执行，因为企业是海洋利益产生的直接受益者，也是海洋生态破坏的直接参与者。企业的这两种身份的转化实际就是检验海洋生态意识文明构建情况的试金石。促进用海者的海洋生态意识文明，不能简单地依靠其自身的思想素质提升，而应将奖励与惩罚机制并用。对于遵守各类法律法规，严格按照海洋生态文明标准进行生产的企业，主管单位应当给予一定奖励和宣传鼓励，符合海洋生态标准的产品应当大力推广，反之则应当给予惩罚甚至摈弃。用经济学的手段让企业先感受到正确的价值取向，进而形成正确的海洋生态责任意识。

第四，社会公众是海洋生态文明建设的中坚力量。与企业（用海者）所起作用的立竿见影不同，社会公众参与海洋生态意识普及的过程更加具有广泛性、延时性，但其影响一旦显现成效，对海洋生态文明的作用也是润物无声、水到渠成的。社会团体、非政府组织在公民普及海洋生态意识方面大有可为，要搭建平台动员社会公众参与。首先，群团组织、社会团体与群众联系紧密，在对民众理论宣传方面具有得天独厚的优势。要进行广泛的宣传教育活动。当前，微信、微博等新媒体内容丰富，信息传播速度快、效率高，利用这些媒体平台进行海洋生态意识普及事半功倍。其次，社会团体开展公益活动、海洋生态宣传专项行动等。在维持海洋生物多样性、保护海洋环境、发展海洋高新技术产业、推广先进海洋生态理念等方面，社会团体可以举行形式多样的活动。最后，关心关注海洋事务发展的社会组织定期开展海洋生态问题社会监督，针对海洋生态领域的各类政策、提议等向政府、专业机构建言献策，提升政府、专业机构的工作效率和能力，提高政府在海洋生态文明建设领域的科学化水平。

人们的思想意识水平是决定人类实践活动的文化基础。当前海洋生态问题频发的根源还是人们的海洋生态意识水平不高。全社会的海洋生态意识文明程度决定了我国海洋生态文明建设成就的广度和深度。全面推广和树立海洋生态文明意识，是当前和今后一段时期加强海洋生态文明建设的基础工作。海洋生态意识是一个多维度的复杂概念，它不仅是马克思主义哲学观的创新和传承，还是一种全新的生态价值观，更是一种超越过往的社会伦理形态。在海洋生态意识文明程度较高的社会中，民众会自发地关注海洋生态问题，绝大部分受过教育的民众都会自觉维护海洋生态系统健康平衡。

3.1.2　推动海洋生态文明行为

人的行为与海洋生态是一种动态平衡的关系，人类不断地发展前进，就需要持续不断地开发利用海洋，就需要不断地打破旧的平衡，建立新的平衡。这是个人与海洋、开发与保护、发展与平衡相互适应的过程。海洋生态行为的主体有政府、公众和企业（用海者）等，各行为主体之间相互联系、相互影响并与海洋生态系统互为因果，构成了一个复杂的行为系统。海洋生态文明行为恰当与否，直接决定了人海关系是否和谐有序。

在生产领域，人类不当的海洋开发活动是造成海洋生态环境恶化等生态问题的主要原因。无序、无度的海洋资源开发行为使人类在实践层面对海洋的利用偏离了科学化、生态化的轨道，人类以违背海洋生态规律的行为方式野蛮地改变了原有的生态秩序，其结果必然是生态系统的恶化反作用于人类自身。随着海洋开发利用规模和强度的不断加大，人类不文明行为所带来的问题和矛盾呈明显上升趋势，主要表现在资源开发行为粗放、围海填海行为无度、养殖捕捞行为泛滥等方面。在海洋旅游、观光产业中人类不应该为了经济利益而随意地禁锢、驯养甚至剥夺海洋动物的生命，海洋动物的表演活动也应加以规范，不能只因为人类的娱乐而强迫海洋动物进行表演，坚持生物的生存需要高于人类的非生存需要，这样才是道德的，才是尊重自然和维护生态文明的行为。海洋产业从业者的行为应当受到最基本的限制，这些限制的行为标准就是海洋生态的平衡。

在生活领域，不文明的消费行为和消费习惯导致海洋生态压力骤增。改革开放以来，人们的消费行为从满足基本的生存需要逐步转向享受和发展的物质定位上，物质欲望的满足成为实现人的自我价值的重要标准，形成一种崇尚过度消费的行为方式。这种行为方式直接导致人的欲望站在了自然的对立面，自然成为了人类无度索取和改造的对象。另外，在部分地区，人们常常将食用珍稀甚至濒危的海洋生物看作社会地位的象征，将畸形的虚荣心建立在挥霍财富和破坏生态的基础上，这种错误的饮食观念是不文明消费行为的典型代表。无限膨胀的物质欲望带来的畸形消费行为必然会造成包括海洋生态问题在内的自然危机，进而致使人类的可持续发展陷入困境。

海洋生态文明行为提倡可持续产业行为和绿色消费行为，它更加注重人类较高水平的生态需求和精神需求。在生产和生活两个方面都提倡行为适当和环保消费，通过适度行为提高人类的生活质量。海洋生态行为文明引导人们生产、购买和使用那些对环境和人体健康无害、符合环保要求的绿色海洋产品，这有利于绿色海洋产业的推广和绿色消费市场的最终形成。改变人类不文明的生产行为和消费行为，全面提倡海洋生态行为文明将大大降低海洋生态所承受的外部压力，有助于海洋生态的循环和再生产，可以从根本上促进人与海洋、人与社会、人与人之间的和谐共荣。

3.1.3 发展海洋生态文明产业

很长一段时期内，我国的海洋经济发展主要以要素驱动为主，对海洋资源依赖性较强，随着近海生态恶化和海洋资源约束增强，部分海洋产业前景已显露疲态。推动海洋生态产业文明，必须解决海洋产业发展的供需结构性问题，尽快建立以市场为导向的产业模式，加快海洋产业供给侧结构性改革，提升供给科技含量，重点加快海洋生态环境修复和海洋第三产业发展，促进地区交流与产业协同发展，加强海洋公共服务功能建设，全方位满足社会消费需求升级。

首先，全面、深入优化海洋产业结构，提高海洋产业资源投入产出比。保持优良海洋生态环境、提升海洋旅游产品附加值和供应绿色安全海洋水产品，建立适应需求快速变化的供给结构。2022年全国海洋生产总值94 628亿元，占国内生产总值的比重为7.8%。从三次产业来看，海洋第一产业增加值4 345亿元，第二产业增加值34 565亿元，第三产业增加值55 718亿元，分别占海洋生产总值的4.6%、36.5%和58.9%。虽然海洋产业比重不断趋于合理，海洋第二、三产业的比重已经大于第一产业。但是，第一产业的海洋资源使用状况还是处于低质化阶段，并且我国海洋产业产值与世界平均水平差距还较大，海洋产业在国民经济中还属于薄弱产业。具体到其他内部产业来讲，海洋高科技产业占比不高，多以劳动密集型和资源开发型为主，海洋服务业发展还需进一步加强。特别是海洋电力、生物医药、化工等还有进一步发展的空间，需要在加强传统优势产业的基础上，向高科技产业倾斜，使得海洋经济产业结构不断趋于合理。

其次，淘汰传统落后产业项目，杜绝新增低端海洋产业，防止重复建设和产能相对过剩，避免海洋资源浪费导致的海洋产业发展的支撑潜力持续收紧。海洋资源的可持续发展离不开高新技术的支撑。目前，多数海洋产业过度依赖资源和能源，海洋产业还停留在粗放型的发展模式上。一方面是由于海洋资源的分布状态导致对其开采难度较大，另一方面也是由于开采能力和设备不足，缺乏高精尖技术导致深远海资源开发不力。深海领域有大量可供开采的资源，但是，目前国内开采能力有限，与发达国家差距较大。我国油气资源接近五分之四埋藏在深海区，还有将近三分之二的资源量尚未被发现。我国海洋科技实力还不能满足海洋经济可持续发展需求。在此背景下，科技兴海应运而生。培育新兴战略性产业，以科技创新带动海洋经济产业文明进步。据辽宁师范大学海洋经济与可持续发展研究中心教授韩增林介绍，在美、日等发达国家，海洋科技对海洋经济的贡献率已达到60%以上，海洋科技已经实质性地表现为海洋开发的主导力量，而我国海洋科技对海洋经济的贡献率多年来却一直徘徊在30%左右，海洋科技创新引领和支撑能力明显不足。[①]因此，追求海洋经济的发展，就需要大力发展科技，提高科技的贡献率，淘汰资源密集型产业，以发展新兴战略性海洋产业为抓手促进海洋产业结构调整和海洋经济的可持续发展。推进海洋生态产业文明中一项非常重要的内容就是科技创新驱动海洋产业发展。从海洋中寻求新的能源和资源，提高海洋资源的利用效率，更深层次开发海洋资源，形成完善的产业链条，应成为未来海洋资源开发利用的总体方向。当前，我国正在深入开展供给侧结构性改革，在海洋产业中进行结构调整，淘汰传统高投入、高耗能、高污染产业，发展资源集约型、高科技应用型产业正当其时。

最后，促进区域间海洋经济平衡发展。目前，我国各地区海洋经济发展还很不均衡，广东、山东和上海的海洋经济总量遥遥领先，但其他某些省份经济总量却相差甚远。此外，海洋经济对地区经济的贡献率也参差不齐。知名经济学家缪尔达尔指出，经济发展过程本身并不完全平衡，如果不进行宏观调控或者其他干预措施，区域间的经济发展往往会出现强者更强，弱者更弱的"马太效应"，这不利于我国

---

① 降蕴彰. 逐梦深蓝，科技向未来［J］. 小康，2023（19）：47-49.

海洋经济的长期发展与合理规划。我国海域面积广阔，海岸线长，经济板块之间互有参差属于正常现象，但在一些特别落后的区域，需要从宏观角度进行规划，协助其发展。在环渤海地区、江苏沿海、长三角和珠三角地区等沿海经济区已形成相互连接、共同发展的良好态势的情况下，可以将东北老工业基地、广西等海洋产业相对落后的地区纳入海洋产业发展战略的整体框架，可以从其自身资源出发，凸显区位优势，实现不同区域之间优势互补。

针对沿海地区海洋产业和海洋资源环境的比较优势，在尊重不同地区海洋资源差异的基础上，分别制定海洋产业发展规划，既保持现有产业优势，还要学习适应其他地区的先进发展经验，提升自身产业质量，不断增强产品科技含量，增强海洋产业发展后劲。集中各类资源、人才、金融、制度等优势，产生一批具有行业优势甚至世界领先的产业区域，形成核心竞争力，从而带动周边产业发展。例如山东、广东等具有海洋渔业基础设施优势的省份，要大力发展深海捕捞、远洋捕捞，建设国家"蓝色粮仓"，为民众食品安全提供保障；在辽宁、上海等具备海洋修、造船产业优势的省市，推动海洋装备制造业向高精尖方向发展，参与世界高端装备竞争，力争在世界高端海洋装备制造领域占据一席之地。

海洋产业本质上是人通过对海洋的综合开发利用以获取自身发展所需的资源的过程，这个过程的文明性体现在产业规划的系统化、科学化和生态化。当前，我国社会经济发展面临人口、资源和环境等多重压力，海洋产业成为国家的战略性新兴产业，也是经济社会发展转型升级的新动力和新常态。在全面建设海洋生态文明的要求下，海洋产业发展应当树立尊重海洋、敬畏海洋、顺应海洋规律的观念，在海洋生态承载力范围内改造利用海洋资源，实现海洋产业与海洋生态的可持续发展。

3.1.4 培育海洋生态文明道德

海洋生态文明道德的逻辑起点是人与海洋关系的伦理回归。以实现人海和谐为目标，对人们的行为予以道德约束，海洋生态文明道德强调人的自觉和自律，强调人与海洋的相互依存。培育海洋生态文明道德，就是逐步规范人与海洋长期交往逐渐形成的行为规范，用其约束和规范人类合理开发海洋资源、保护海洋生态环境、发展海洋经济的行为，它体现了人与海洋的平等观。

辩证唯物主义的观点认为，世界上的任何事物都是对立统一的关系，矛盾存在于一切事物中。人类与海洋就是这样的对立统一，二者之间存在着生态道德关系。对人类与海洋的关系问题上，有两个错误的观点，一种观点认为人类应屈服于海洋，把人类理解为海洋的奴役、海洋的附属，对海洋一味地顺从，另一种观点是人类中心主义的思想，认为人类可以主宰海洋，海洋是人类掠夺和践踏的对象。这两种观点都是片面的，在实践中需要不断摈弃这两种错误的认识论。应该明确人类与海洋的关系是平等而不可分割的，要发挥人的主观能动性，不断认识海洋、走进海洋，通过生产实践从海洋中获取人类生存必需品，开辟生存和发展的新空间，最终实现人与海洋平等、和谐的生态道德关系。正如生态伦理学家罗尔斯顿所说，"人应该有一种伟大的情怀：对动物的关心，对生命的爱护，对大自然的感激之情"。对自然界的万物都抱着这种宽阔的胸襟，从无限度地追求自我利益的局限中解放出来，重新审视人与自然、人与人、人与社会的关系。海洋生态文明道德倡导将道德关怀拓展到整个海洋生态领域，将人与海洋的关系问题确立为一种生态道德问题，将人在道德上的自律性实践于海洋系统，把尊重海洋自身的发展规律作为一切涉海活动的基本遵循，保障和改善海洋生态环境，将人类社会的全面协调可持续发展作为最高目标，最终实现人与海洋的和谐共生，构建新型的人与海洋的道德关系。

构建海洋生态文明道德，要求民众提高对海洋生态环境的重视程度，依靠建立一套海洋生态道德规范和原则并倡导全体民众来遵守，主观上提升民众海洋生态道德意识水平，从而在客观上约束人们之前无序的海洋行为，达到妥善处理人海矛盾、实现海洋有序开发的目的。具体来看，一是掌握海洋生态规律，要尊重和善待海洋。如果人类积极主动认识海洋的发展规律，合理安排自身的生产实践活动，那么，人类在适应海洋规律的同时还能促进人与海洋关系的和谐。如果人类无视海洋生态的自然规律，盲目开发和利用海洋资源，最终会导致海洋生态系统的破坏，从而危害人类自身的平衡系统。二是深入实施海洋生态道德的规范约束。法律和道德是社会约束的两种方式。法律是一种强制性的社会规范，迫使人不得不形成遵从和顺服的意识，健全的法律体系和良好的法律氛围对海洋生态文明建设是一种硬约束。与此不同，道德规范是一种软约束，它能够使人们形成一种自觉的自我约束力和控制力。三是推动海洋生态文明道德的具体实践。海洋生态文明道德建设既是理论问题，也是实践问题，要在发挥教育和约束作用的基础上，更要强化社会实践，将其作为海洋生态文明道德建设的重要手段。人们只有投入到海洋生态实践中去，才能进一步接触海洋、了解海洋，深刻把握海洋生态道德的重要意义，正确认识和解答实践中遇到的海洋生态道德问题。

3.1.5 健全海洋生态文明制度

作为海洋生态文明建设的有机组成部分，海洋生态制度建设是海洋产业持续、绿色、健康发展的行为规范，更是维护海洋生态环境的根本保障。海洋生态文明制度是否系统和完整，在一定程度上决定了我国海洋生态文明建设水平的高低。

从现有实践经验和国际发展总趋势来看，沿海国家尽管基本政治制度不尽相同，海洋管理模式和海洋生态文明阶段也参差不齐，但基本都在不断强化和完善海洋生态文明制度体系。"海洋空间规划、海洋生态分区、海岸退缩线等概念均是人海关系建设的基本形式和空间表达，合理的秩序安排是海洋生态文明建设的基本表现，与党的十八大报告所提出的'生态文明'建设的首要任务'优化国土空间开发格局'的理念、目标相似。"①因此，未来我国制定海洋产业政策时除了要提升海洋经济产业发展的质量和能力，更应考虑到海洋资源的可持续利用，以制度体系建设防止海洋生物多样性下降和海洋生态破坏。要从宏观角度出发，在经济、政治、法律等方面规范和约束人们的海洋资源利用、不断协调改善经济发展过程中的人海关系，为新时期海洋生态文明建设提供制度支持。完善海洋生态制度建设，要从四个方面加强：

（1）完善海洋资源有偿使用制度

我国海洋资源的供给、使用以及海洋生物制品的定价机制并没有体现海洋资源稀缺性特点和海产品开发中对海洋生态环境的损害补偿，因此我国的海产品价格长期低于世界平均价格。"必须加快海洋资源及其产品价格改革，全面反映市场供求、资源稀缺程度、生态环境损害成本和修复效益。"②要对海洋生物制品的单位价格与其相对应的海洋生态损耗建立科学的评价体系，以产业指导价格等形式引导符合生态规律的价值取向。严格围海造地等大规模改造海洋生态环境的市场准入，做好前期生态调研和后期有偿使用规划，

---

① 关道明，马明辉，许妍，等. 海洋生态文明建设及制度体系研究［M］. 北京：海洋出版社，2017：12.
② 郑苗壮，刘岩. 关于建立海洋生态文明制度体系的若干思考［J］. 环境与可持续发展，2016，41（5）：76-80.

杜绝海洋生态资源被暴利化甚至无偿化开发。深化海洋产业税费体制改革，提高资源密集型海洋产业的税费标准，利用制度手段提高生态消耗型海洋产业的成本，最终引导海洋资源利用实现科学化、集约化和低碳化。

（2）建立海洋生态损害补偿制度

根据当前海洋产业发展状况，探索建立全局性的生态补偿机制。制定类似于美国和澳大利亚等国《海洋生态补偿法》的行政法律法规或者针对性强的地方法或者部门法，立法过程应当坚持谁受益谁投资、谁破坏谁补偿的原则，根据海域、产业类型的不同特点，制定不同的补偿标准，综合运用政府补助和生态产业扶持政策，建立多元化的生态补偿资金渠道。使海洋生态损害制度长期化、系统化、规范化。当务之急是要防止近海生态的进一步恶化，抑制海洋生态破坏行为，将海洋生态秩序维持在可控的范围内。具体来说，首先是立体地评估海洋生态资源的使用价值，建立海洋生态损害赔偿标准；其次是甄别海洋生态损害的行为及其责任人。在此基础上严格执行奖惩措施，保证制度落到实处。总之，就是要运用经济和行政双重手段来调整海洋资源开发中的各利益相关者的关系，从而激励海洋生态保护行为、杜绝海洋生态破坏现象，进而实现海洋生态保护与海洋经济发展之间的动态平衡关系，最终实现海洋可持续发展的战略目标。以制度体系建设鼓励海洋生态环境的保护与建设，同时惩处海洋生态破坏行为，借助市场经济手段使海洋生态资源利用回归理性轨道。

（3）建立海洋生态科技创新制度

科学技术是推动社会进步、经济发展的重要驱动力量。以科技创新驱动海洋经济产业转型升级是我国海洋生态文明建设的战略重点和发展方向。大力推进海洋科技创新、高新科技产业孵化需要完善的生态科技发展规划作为指引和保障。政府作为最具公信力的国家机构，是产业发展的风向标，因此，政府要建立促进生态科技自主创新的绿色采购制度，纳入政府采购计划，优先购买具有自主知识产权的生态高科技产品和装备，通过政策引导与支持，确立企业的生态科技创新主体地位。要加大对生态科研创新的财政投入与政策扶持力度，采用金融、财税、补贴等手段，鼓励和吸引企业投资绿色生态技术和产品的研发，摈弃落后、污染型设备，加强海洋生态新技术的引进、消化，积极鼓励科研单位、高校等拥有技术、人才优势的机构参与海洋生态科技创新，使企业的技术装备、工艺流程实现最大程度的闭合循环，实现生产过程和产品的生态化。

（4）建立海洋生态承载力预警与应急机制

海洋生态承载力是规定海域生态资源、环境实现自身平衡与健康发展的能力，是海洋区域政策和海洋生态发展规划的重要依据，是完善政府空间管理体系、统筹海洋资源合理配置等制度建设的重要参考指标。通过建立海洋生态承载力预警与应急机制，积极开展海洋生态承载力监测、评价与示范；搭建海洋生态承载力预警技术平台，设置预警控制线，制定预警响应措施及应急机制。建设布局合理的监测网络，开展定期监控，建立海洋生态承载力公示制度，采取系统、科学和规范的评价方法，对海洋生态承载力安全级别进行识别，加强对海洋环境破坏行为的有效监督和处理，对突发的海洋生态事故、灾害做到及时防控，使安全风险管理规范化、制度化。

奉法者兴则海兴。海洋生态文明建设是国家意志、民族意志的具体体现，更是科学化、正规化建设的重要保障。海洋生态保护法律法规的健全和完善，可以合理地限制非法的海洋生态破坏行为，恢复和维持海洋生态环境的动态平衡；科学合理的海洋规划，既可以实现改造自然、利用海洋的目的，也可以规避破坏海洋生态、祸及子孙后代的风险。当人类与海洋的复杂关系更好地得到各项法律制度的保障时，最终会引领我们走上更加法治化和规范化的海洋生态文明建设道路。

3.2 我国海洋生态文明建设的基本特征

我国海洋生态文明建设必须紧紧围绕建设美丽海洋和巩固海洋对经济社会发展的支撑作用这一长远目标，以开放和包容的姿态保障共建"一带一路"倡议畅通，形成集约型海洋资源利用和有效保护海洋生态环境的发展方式，理顺海洋开发秩序，净化海洋生存空间，优化海洋产业布局；严格控制海洋污染物排放，保持海洋资源整体良性向好发展和提升海洋生物资源多样性；统筹规划，实现海域环境质量逐步好转；加强舆论宣传引导，增强公民海洋保护意识，实现海洋产业可持续发展。因此，我国海洋生态文明建设应当具备开放性、整体性、协调性和持续性等基本特征。

3.2.1 开放性

改革开放以来的历史经验告诉我们，开放发展才能拓宽视野，相互交流带来繁荣昌盛。海洋生态文明不同于内陆生态文明，开放与循环状态是海洋生态系统客观存在的方式。海洋生态文明的开放体现在多个方面，从经济角度来看，它是强烈依靠外来贸易的文明，发展海外市场，开拓远洋商务是海洋生态文明的发展方式。从以人为本的角度出发，海洋生态文明的诉求是不断优化人员往来途径，扩大人员交流，提升人的生活品质和净化人类生存空间。从精神内核来看，海洋生态文明更倾向于"探险"甚至于冒险精神，对于未知世界和新鲜事物的不断尝试将为人类社会带来极大便利。我们在思考人与海洋的关系、建设海洋生态文明的过程中应把海洋作为一个开放的生态系统来对待，仔细斟酌和把握能量的进出和交换平衡，不能为了生态指标畏首畏尾，停止发展，而应科学、量化地认识和把握海洋的循环规律，保证海洋生态系统的开放循环顺利进行。要以科技创新为先导，开发和使用清洁的可再生能源，实现对海洋资源的高效、循环利用。同时吸收引进先进海洋发展理念，不断夯实我国海洋生态文明建设理论基础。更应学习、借鉴发达国家和地区经验，结合我国海洋发展现状制订出适合我国海洋生态文明建设的方案。海纳百川，有容乃大。不论是国内还是国外的科学成果，不论是内陆还是大洋的发展经验，只要对于我国的海洋生态文明建设有指导意义，都应当以包容的心态博采众长，不断学习、融会贯通，不断从先进文明中汲取优秀文化元素，充实我国海洋生态文明内涵。

3.2.2 整体性

海洋和陆地是一个有机联系的整体，海洋以及其周边的人与物都有密不可分的联系，有机物、无机物、气候、生产者与消费者之间相互影响，相互作用，时时刻刻都在进行着物质、能量、信息的交换，任何成分和过程的变化都会影响整个海洋系统。因此，海洋生态文明建设必须准确把握海洋生态系统的整体性，才能保证海洋生态系统动态过程的正常进行，保持海洋生态系统的动态平衡。我国的海洋生态文明建设是在政府主导下的战略工程，要系统地加以研究，从整体角度去把握，杜绝理论分家、政出多门导致的资源浪费。海洋生态文明建设是全局性的系统工程，这就要求我们从整体的、战略的角度来考虑问题。海洋生态文明对其他文明具有弥合与重塑的作用，一个成熟社会的物质文明、精神文明、社会文明、制度文明等都与海洋生态文明密不可分。因此，只有充分尊重海洋生态构造的完整性，才能科学地推动海洋生态文明的协调发展。另外，海洋生态文明建设不能漠视海洋系统中的多样性。人、海洋、社会存在多样性，区域之间存在多样性、发展方式和发展水平也存在多样性，从哲学层面来说，各种海洋生态要素存在于不同的时空之中，我们必须强调不同的地区、不同人群、不同物种之间的多样性与公平性，正视发展差距，承认并尊重、保护海洋生态的多样性，整体推进、全面发展是我国海洋生态文明建设的基本准则之一。

随着"一带一路"伟大倡议的逐步实施，我国的发展需求以及海洋生态的吸引力使得经济和社会实践已经在海洋领域全方位、多层次地展开。海洋必将为我国社会发展和人民生活水平的提高提供可观的财富资源。鉴于海洋运输通航自由度大、运量大、成本低、适应性强等优点，以海上交通运输为支撑的世界商贸也会为经济发展带来强大助力，海洋生态文明建设更可为人民提供优质的自然风光。在构建海洋生态文明过程中，利用海洋生态具有外向性、开放性、求新性的特点，海岸线清新宜人的环境、生动旖旎的风光也会使海洋成为人们向往的休闲娱乐之所，丰富人们的娱乐、文化生活，促进身心健康，提升生活品质。

3.2.3 协调性

海洋生态文明建设强调人与海洋的协调性、统一性。人是自然的一部分，海洋与人类同属自然。过去的工业文明秉持"人类中心主义"观点，将包括海洋在内的所有自然要素都看成人类的附属，对海洋资源环境予取予求，完全没有注意到人与海洋关系失调带来的后果。工业文明在为人类带来大量物质财富的同时，罔顾自然界其他要素的协调发展，也使得人类陷入资源紧张和生态危机之中。实践证明，人类以掠夺开发的方式利用海洋资源、污染海洋生态环境换取的经济发展及物质财富的积累，造成了海洋生态失衡、资源溃缩和人类自身生存环境的恶化，导致的结果就是人进海退，人海和谐的原生自然状态不复存在。

当前，我国进入经济发展的新常态，借助海洋生态文明建设的有利契机，重建人与海洋协调发展的和谐状态正当其时。海洋生态文明强调人类应当尊重海洋、敬畏海洋、顺应海洋自然规律，把自己与海洋放在相同的哲学地位来看待，力求与海洋和谐共生。海洋生态文明的建立将逐步化解长期以来存在的人与海洋的矛盾，依靠自然的生态平衡来解决人类的长远发展问题。首先，海洋生态文明的建设离不开陆地的协同配合。海洋与陆地本来紧密相连，沿海居民世代与海洋休戚与共、相互影响。但由于人类身体构造和海洋特殊的生存环境决定了在相当长的历史时期，人类受限于经济、技术水平因素而望海却步，重陆轻海的思想严重；我国的海洋政策在历史上长期与陆地发展各自为政，在资源开发、环境保护、产业发展、科技创新等领域均表现出"海陆二元"结构。其次，经济新常态以来，不管是国内经济产业改革还是国际贸易走向都趋向复杂化，因此，海陆关系变得更为复杂，具体表现为：国际贸易发展和竞争持续，导致海洋与陆地的空间的依存和互补增强，促使海陆协调持续发展成为大趋势；传统海洋产业发展和优化升级、沿海地区人口规模不断扩大导致海陆空间与要素争夺加剧，生态领域人海矛盾进一步加剧，又使得海陆协调持续发展压力骤增。经济发展协调可持续性的不足，成为海洋生态文明建设的最大阻力。因此，海洋生态文明的建设是时代发展的要求，它客观、真实地反映出了在对海洋的改造能力空前提高的情境下，人类正确认知海洋、认知人与海洋协调性关系的重要性、紧迫性。最后，海洋的流动性、开放性等特点决定了海洋生态文明建设在具体实施中需要各部门、多区域的共同参与、协调共进。因此，要在不同海域之间、海域与附近陆域之间建立海洋生态文明建设协调合作机制，在生态保护、环境治理、经济产业发展和科技创新等领域开展合作；建立海洋生态文明相关大数据库，在不同时间、不同区域之间实现优势互补、信息共享。

协调发展是海洋生态文明建设的内在要求。这种协调性包含了人与海洋相协调、海洋开发与陆地发展相协调、海洋区域之间相协调等方面。从海洋生态文明的观点来看，人与海洋相互联系，相互依赖。人具有自身价值，海洋也具有自身的价值；人依靠海洋的同时，海洋也应当依靠人；人具有主观能动性，可以适时作出行为改变，海洋同样也有其自身发展规律，对外界的事物变化作出反应。海洋作为自然生态系统中的一个重要组成部分，人类必须在与其协调共生的前提下，才能使自身获得可持续的利益。

3.2.4　持续性

我国的海洋生态文明建设应当既关心人又关注自然，在海洋生态文明制度体系中既体现在空间维度上人与自然、人与社会、人与人的和谐，还包含时间维度上当代人与后代人、中国人与世界其他地区人民的和谐共生。我们必须注意到自然界的海洋资源和环境是属于全人类的，当代人以及后代人都应公平地享有自然界的资源和环境。任何国家和地区都不能为了维持其经济发展而浪费资源、污染环境、破坏生态，不能牺牲其他国家和地区的利益。当代人也不能滥用自己的环境权利，挥霍资源、污染环境，必须留给子孙后代一个生态良好、和谐有序的地球。从时间上看，海洋生态文明是人类文明发展到一定程度的必然产物，是海洋生态危机催生的更高级文明形态。它的本质是发展代替停滞，先进取代落后，这是自然进化和社会竞争的必然要求。从空间上看，在同一区域内的不同人群之间在海洋生态资源的开发利用权上应体现公平公正原则，不能将一部分人的福祉建立在破坏、损害其他人或其他地区资源环境的基础上，更不允许把人类的物质享受建立在破坏自然、破坏生态的基础上。

构建海洋生态文明，需要结合当前我国国情、海情，通过多种渠道改善人们的生产、生活环境，其精神内核是以人为本的哲学理念。海洋生态文明的前提就是尊重和维护海洋生态系统，维护人类自身赖以生存和发展的海洋生态平衡。在利用和改造海洋的过程中提高人们的生活水平、改善生存环境和拓展生存空间。在建设海洋生态文明中必须大力引进竞争机制，保护先进产业优先进入，淘汰落后产能；引进优秀人才，科学管理，摈弃传统落后观念；呼吁正当竞争，防止暗箱操作；在良性竞争中不断优化海洋生态产业、提升海洋生态观念、净化海洋生态环境，实现海洋生态文明。与此同时，海洋生态文明应当充分体现现代管理理念中的公平性原则。首先是当代人与未来人之间对海洋环境、海洋资源选择机会的公平尤为重要，不能发子孙财，以环境代价换取短期经济利益。

当前，全球经济发展势头缓慢，部分国家和地区贸易保护主义有所抬头。借助共建"一带一路"倡议的逐步实施，我国的经济社会发展必须依靠海洋这个重要平台走向更深邃更广袤的新区域。在新时期，加快推进海洋生态文明建设既是贯彻落实党和国家提出的绿色发展、协调发展等理念的本质要求，也是发展海洋事业的现实需要，更是人与自然和谐共处的必然出路。海洋生态文明建设不仅可以改善我国海洋生态环境，提高海洋资源的开发利用能力，可以为全面发展海洋事业创造优质外部环境，优化拓展海洋发展空间，而且可以转变海洋经济发展方式，优化海洋产业结构，推动我国沿海地区经济社会和谐、持续、健康发展，对于实现我国目前的供给侧结构性改革目标和实现人与自然、人与人和谐有序相处都具有重要的现实意义。

3.3　我国海洋生态文明建设的基本原则

　　能否持续高效地开发利用海洋资源，发展海洋事业，同时建立健全相关法律法规，提高全民族海洋发展意识，保护海洋生态环境，维护国家海洋权益，对于实施海洋强国战略、推进生态文明建设、在新常态下促进经济社会持续健康发展，实现"两个一百年"奋斗目标和中华民族伟大复兴的中国梦具有重大且深远的意义。海洋生态文明是我国社会主义生态文明的重要组成部分，海洋生态建设既要遵循生态文明建设的总体方向，又要彰显海洋生态文明的规律和特点。以人为本原则、陆海统筹原则、政府主导原则以及有序推进原则等应成为我国海洋生态文明建设的方向和目标。

3.3.1　以人为本原则

　　人与海洋都从属于自然生态系统，都是地球生态系统中的有机组成部分。马克思主义生态自然观认为，人与海洋并不存在统治与被统治的关系，而是相互依存、共生共荣的关系，人类对海洋的关怀也就是对其自身的关怀。在过去很长的一段时期内，传统发展方式片面追求经济的高速增长，以征服自然为目的，以物质财富的累积为动力，在一定程度上破坏了人类赖以生存的自然环境，使人类改造自然的力量变成了毁坏人类自身的力量，人类在征服自然的过程中，不自觉地被自然界所异化。历史与现实不断告诫我们，绝不能再走西方资本主义国家先污染后治理的老路，必须寻求人与自然的和谐发展，坚持以人为本的新发展观。只有人与自然的关系和谐了，才能实现人类的永续发展。海洋生态文明建设的核心也可以说是以满足人的根本需求，促进人的全面发展为最终目的。通常我们所理解人的全面发展不仅指物质生活的富足，还应当包括精神世界的丰实。人的精神世界又包含了科学文化素质和思想道德素质。研究海洋生态文明的目的之一就是增强公民的海洋生态文明意识，提高全社会爱护海洋环境的道德素养，进一步增强人们对海洋生物与环境进行保护的意识和责任，最终全面实现人与海洋的和谐发展。

唯物主义观点认为，人民群众是历史的创造者，历史是人通过人的劳动而诞生的过程。科学发展观的核心是以人为本。以人为本就是以最广大人民群众的根本利益为本。党的二十大报告指出："坚持以人民为中心的发展思想。维护人民根本利益，增进民生福祉，不断实现发展为了人民、发展依靠人民、发展成果由人民共享，让现代化建设成果更多更公平惠及全体人民。"人民群众是物质财富和精神财富的创造者，我国海洋生态文明建设的出发点和落脚点都是为了改善人民生活环境，提高民众生产生活水平，不能偏离以人为本的基本原则。首先，群众生产生活水平的全面发展是解决海洋生态环境危机的根本出路。人类生产生活和海洋生态环境之间是一对矛盾关系。由于人类认识的局限性，导致海洋生态环境恶化，海洋生态环境问题又制约人类的自由全面发展。人类认识水平有限以及对物质财富不加节制地索取，导致严峻的海洋环境危机。新形势下，加强海洋生态文明建设，就要充分考虑人的因素，通过消除异化，实现人类的自由全面发展。其次，生态文明观是海洋生态文明建设的思想前提。自然界给予人类的不仅仅是资源、环境等物质资源，还包括文化价值。通过培育人类的文化价值观，使得人们认识到良好的生态环境可以陶冶情操、美化心灵、提升思想境界。人类生态意识的觉醒，代表着时代的进步，加强海洋生态文明建设，就要注重培养人们的海洋生态意识，使人们成为具有生态道德的文明人。最后，转变传统的生产方式和生活方式。建设海洋生态文明，就是要转变传统粗放的生产方式和生活方式。摒弃高污染、高消耗、低技术的生产模式，大力发展科技，提高资源的利用效率，注重对生态环境的保护，以减少自然对人的异化。同时，改变不合理的消费方式，倡导绿色消费，既满足自然生存状态的可持续，也能满足人类健康的生活方式。

3.3.2 陆海统筹原则

陆地和海洋是不可分割的有机整体，二者的生态系统相互依存，互相影响。海洋和陆地一样，都是人类生存发展的重要物质来源和空间载体，是国家国土资源的重要组成部分，理应在国家发展中具有同等重要的地位。一段时期以来，囿于历史原因及封建时期沿袭下来的"重陆轻海"思想，海洋资源开发、海洋生态保护及海洋产业发展与陆地社会的发展进程表现出二元化趋势，陆地产业与海洋发展各自为政，不相为谋。当今世界的发展趋势越来越凸显出海洋的重要性，正确处理海洋经济发展和陆域经济发展、海洋生态保护与陆地生态保护的关系，不仅是我国海洋事业发展的需要，更是全面建成小康社会的必然要求。"陆海统筹思想具有战略性、系统性和综合性，对于海陆问题的解决更加注重从整体性入手，基于宏观的视角来分析其复杂性，为实际问题的解决提供了现实路径。"①随着对海陆系统相互间关系认识的不断深入，陆海统筹的观念不断深入人心。

《中华人民共和国国民经济和社会发展第十四个五年规划和2035年远景目标纲要》中再次重申："坚持陆海统筹、人海和谐、合作共赢，协同推进海洋生态保护、海洋经济发展和海洋权益维护，加快建设海洋强国。"从我国海洋生态文明建设的内涵及发展要求的角度看，陆海统筹、协同发展的理念贯彻了人海和谐共生、经济业态良性

---

① 周乐萍. 基于海陆统筹的海洋生态文明建设的路径研究［G］. 第八届海洋强国战略论坛论文集，2016.

循环、人与自然可持续发展的主题。如何实现陆海经济协调发展以提升区域经济整体效益，努力实现供给侧结构性改革目标，成为海洋生态文明建设的重要突破点。陆海统筹要从宏观和微观两个角度入手，包含产业统筹发展、区域统筹规划、交通运输统筹调度、资源环境统筹优化等内容，全面实现海陆系统的协调与整合。实现海洋生态文明建设所强调高度重视制度建设、务实行动和开放包容的内容就必须坚持陆海统筹，协同发展的原则，因为没有海洋要素，海洋生态文明建设无从谈起；缺少了陆地的支撑，海洋生态文明建设也是无根之木。结合我国当今海洋统筹发展的经验以及海洋生态文明建设的题中之义可见，陆海统筹必然成为我国海洋生态文明建设的必然要求和主要特征之一。

首先，坚持陆海统筹是我国地缘政治条件的本质要求。我国是一个海陆兼备的大国，如果海陆能够协调统筹，大陆将成为海洋的战略纵深，海洋也将成为大陆的战略屏障。相反，如果海陆关系处理不当，就会导致力量的分散，不能集中力量抗击来自外界的压力。近代以来，列强对中国发起的大部分侵略战争都发难于海上，而晚清、北洋政府并未真正重视海防力量或者无力建设海洋防线，导致国家和民族多次处于灭亡的危境，国家和民族的尊严皆因统治者无视海洋权益而丧失殆尽。目前看来，我国陆地安全形势处于相对稳定的时期，来自陆上的威胁较小，而海洋方面特别是东海、南海地区安全形势严峻、复杂，在此背景下，实施陆海统筹要将战略重点向海洋一侧倾斜，加大对海洋产业的扶持力度，增加海防设备的投入，让"蓝色"力量在实现中华民族全面复兴的关键时期发挥海陆兼备的地缘优势提供坚实保障。

其次，坚持陆海统筹是实现经济社会全面发展的可靠保证。海洋资源是陆地资源的有效补充，我国主要资源的人均占有量普遍低于世界平均水平，属于资源贫瘠国家，但快速发展的经济对资源的需求又与日俱增，这是我国经济快速发展所面临的主要难题。资源短缺和生态环境问题是很多国家陷入"中等发达国家陷阱"的重要原因之一。在陆地资源日益匮乏、环境压力逐步增大的背景下，海洋丰富的自然资源和广阔的发展空间为我国实现可持续发展提供了可能。在陆海统筹思想的指引下，一方面充分发挥海洋在资源禀赋、科学技术、发展空间等方面的积极优势，加强海洋与陆地的资源互补，为生产生活提供能源和原料，突破经济社会发展的资源瓶颈。另一方面，实施海洋产业结构转型和发展方式转变，要突出海洋新兴高科技产业发展的优先地位，努力实现海洋经济跨越式前进；将外向型海洋产业的引领作用与传统陆地产业的基础作用相结合，推动沿海地区产业结构优化升级。壮大远洋捕捞、海洋运输、海洋生态旅游、高端装备制造等传统优势产业规模，淘汰资源密集型、老旧经济模式，以科技进步和结构优化促进海洋资源利用率提高，最大限度地减轻对海洋资源和环境的破坏，实现海洋经济可持续发展。

最后，坚持陆海统筹是改善整体生态状况的根本举措。任何地区经济社会的健康、良性发展都需要生态环境的可持续利用。一段时期以来，由于人类对眼前利益的贪念，海洋成为工业、生活最大的垃圾处理场，造成我国近岸海域污染严重，赤潮、海水富营养化等问题频发。而陆地与海洋二元分割的环境保护措施从根本上违背了海陆生态环境的客观统一性和整体性，对遏制海洋生态环境恶化的形势收效甚微，而表面上有所收敛的陆地环境恶化不久又会因为海洋污染物的反作用而前功尽弃，影响人类生产生活。因此，全方位提高我国生态文明程度必须将陆地和海洋作为有机的整体，在统筹协调的指导思想下，从陆地源头进行控制和管理，对破坏海洋生态的行为进行有效约束，建立并完善海洋生态环境保护沟通协调机制，才能有效缓解沿海地区生态环境恶化问题，形成绿色发展新局面。

3.3.3　政府主导原则

海洋生态文明建设是一项国家层面的长期、系统工程，涉及宏观领域大量公共资源的匹配，其建设成就是国家意志的体现，是政府执政理念的具体表达。在所有参与海洋生态文明建设的各方中，政府较之企业、民众和非政府组织等更加具有权威性和公信力，在维护国家海洋权益、提供海洋公共服务、改善海洋生态环境和规范海洋活动秩序等方面更具优势。因此，政府应当积极主导海洋生态文明建设。

首先，政府有责任和义务维护国家海洋权益。国家海洋权益是国家的领土主权从陆地向海洋延伸所形成的合法权益，受到国际法保护并被世界各国所接受和尊重。国家通过两种方式维护国家海洋权益，即立法与执法。立法是指国家需通过法律的形式明确国家海洋权益的内容及维权方式；执法是指国家动用行政执法力量、警察甚至军队来保护本国海洋权益不受侵害。立法与执法都是国家通过法律体系的建设、完善来保护国家海洋利益和维护国家海洋权益的一种方式，其本质是依法治国在海洋领域的具体体现。从海洋权益维护的方式看，只有政府具备该能力来完成。

其次，政府要提供、优化公共服务。国家海洋局是我国政府序列中提供海洋公共服务的主要部门。广义上讲，公共服务也可以称为政府产品，主要分为三个部分，分别是公私权益和秩序维持的公共服务、海洋资源的规划和许可等产业政策制定以及直接为海洋实践活动提供公益服务。国家海洋局以及各地海洋管理部门分担了以上绝大部分公共服务职能。

再次，保护、改善海洋生态环境。海洋生态是由多个子系统结合而来、面积广阔的复杂系统。由于我国海域辽阔、海情复杂，除政府机构外，其他组织均无力承担海洋污染防治和生态保护等多方面的责任。当前，必须进一步兼容、强化环保部门、海事部门和专业海洋执法部门的职能，统筹整合，良性互动，形成合力，真正推进海洋生态文明建设。

最后，依法规范各类海洋活动秩序。各类海洋法律法规的制定和实施，目的在于规范海洋活动主体的行为，维护海洋活动主体的正当权利。海洋的自然特性决定了海洋实践活动具有较强的外部性和数量、方位等因素的不确定性。因此，海洋活动秩序的维持，比陆地上的执法活动成本更高，风险更大。总而言之，在海洋生态文明建设中，政府更能通过制定相关法律法规、政策、规划来体现海洋综合管理的主体多元性，更有利于实现海洋全局观、生态保护以及多元价值观的平衡等。

3.3.4　有序推进原则

海洋资源丰富，开发潜力巨大，是我国经济新的增长点。但是，海洋资源不是取之不尽用之不竭的，陆地生态领域无序、无度、无偿的开发模式不能在海洋事业中重现，因此，对海洋的开发利用要坚持规范化、秩序化，不能出现一拥而上、不计后果的开发模式，遵循持续推进、科学推进原则。有序推进我国的海洋生态文明建设，包含两个方面的内容：

首先，实现海洋生态和资源的可持续利用需要坚持保护与开发并举。为实现人类生存状态的可持续，需要加强海洋环境保护和污染治理，使经济发展规模、速度与资源环境承载力相适应，使海洋资源开发与海洋生态环境相协调。加大海洋环境污染的持久治理与海洋生态保护的力度，促进工矿企业污水处理和达标排放，把入海污染物的排放总量和排放浓度压缩在最低程度。要加强对海洋活动主体的保护，尊重主体对海洋的合理开发和利用，保护其正当利益不受侵害；需要加强对海洋的合理监控，摈弃短期牟利行为，尊重自然生态基本规律，实现开发和保护并重。要坚持合理的海洋活动秩序。维护海洋活动秩序，就是要保持活动主体和客体的基本权利。

其次，以科技创新体系和金融服务体系助力海洋产业持续发展。创新是驱动产业发展的灵魂，只有高科技创新才可以在现有自然条件基础上实现经济发展的集约化、生态化。因此，必须建立海洋科技创新服务体系，推进海洋高科技成果产业化，实现海洋产业结构优化转型的目标。根据我国当前海洋科技水平及产业化条件，扶持一批具有良好发展前景的海洋高新技术企业，不断孵化一部分设备和技术成熟、经济效益可观的科技成果，逐步形成机制成熟、决策科学、成果显著的科技创新服务体系，为海洋生态产业不断做大做强提供智力支持。建立海洋生态金融服务体系，完善风险资本市场，以市场经济手段促进海洋生态文明建设制度化。在海洋生态产业中大力引进银行、信贷等金融机构，对其进行政策引导和扶持，助力海洋产业优化升级；风险投资与社会资本可以以政府准入形式参与海洋产业发展，共谋生态红利。

4

我国海洋生态文明建设必要性阐释

2013 年 7 月 30 日，习近平总书记在中央政治局第八次集体学习会议上强调指出："我国既是陆地大国，也是海洋大国，拥有广泛的海洋战略利益。"建设海洋强国是中国特色社会主义事业重要的组成部分。党的十八届五中全会提出创新、协调、绿色、开放、共享等五大理念，其中的"绿色"发展理念彰显了党中央对生态文明建设的重视。由此可见，海洋生态文明建设关乎国家战略成败。我国海域辽阔，海洋资源丰富，但海洋生态环境比较脆弱，把海洋生态文明建设上升到国家战略的高度，是我们党对中国特色社会主义、经济社会发展规律和人类文明趋势认识不断深化的结果。我国的海洋生态文明建设基于五大诉求：一是生态文明建设的逻辑必然，二是海洋强国战略实施的重要保障，三是人海协调发展的迫切需要，四是海洋绿色发展的根本出路，五是海洋经济发展的保障支持。

4.1 生态文明建设的逻辑必然

工业文明在 300 年的历史长河里以人类征服自然为主要特征，全球的工业化进程让征服自然达到了极致，从而导致一系列全球性的生态危机、持续的环境恶化。痛定思痛，人类不得不重新审视文明的定义，开始有意识地寻求新的发展模式，开创崭新的文明形态来延续人类的生存，生态文明便应运而生。可以说，生态文明是人类文明发展的新阶段，反映了人类文明的发展趋势。海洋生态文明是陆地生态文明的拓展和延伸，随着人类开发利用海洋进程的发展而形成和演化。海洋生态文明是对人类生态文明的补充和完善，它和陆地生态文明一起组成了人类生态文明建设的全部内涵，是我国社会主义生态文明建设的逻辑必然。

4.1.1 海洋生态文明是生态文明的重要组成部分

海洋生态文明建设是生态文明建设在海洋事业之中的伟大实践。生命起源于海洋，海洋在自然生态系统中占据相当重要的位置，是建立整个生态系统文明的前提和基础，与人类的生产和生活息息相关。海洋面积占地球总面积的70.8%，世界上80%的国家是沿海国，67%的人口居住在沿海地区，海洋以其巨大的分布面积，足以给人类的生产生活带来巨大而深远的影响。得益于海洋生态系统的自身运转，地球拥有了适宜人类居住的基本条件和物质基础，是解决气候变化的重要依托和保障，同时提供了大量的资源和食物。并且随着全球化的不断推进，海洋已然成为联系各国的生命线，成为各地区文化交流和经济往来的重要载体。但是不可否认的是，人类的生产和生活对海洋造成的破坏是长期存在、普遍存在的问题，错误的海洋观导致人们对海洋无序开发、无节制获取，并最终导致海洋系统的破坏。从20世纪开始，人类对海洋的开发、利用达到前所未有的高度，对海洋的破坏亦如此。而此时，人类的海洋生态意识也悄然萌发，人类已经看到海洋生态安全的缺失对自身带来的灾难。近些年来，人们逐渐认识到，海洋生态文明是社会主义生态文明的有机组成部分，是生态文明中最具分量的部分，只有实现海洋生态文明，才能实现整个社会的生态文明。一方面，健康有序的海洋生态环境是海洋经济发展的基础，在生态失衡的海洋环境中不仅海洋生物无法生存，资源也无法开发利用，海洋经济发展更是无从谈起。在陆地资源日渐萎缩的前提下，海洋产业在国民经济中的比重日益提升，并且规模和效益会愈加扩大，对全社会的可持续发展意义重大。另一方面，由于陆地资源的短缺，向海洋进军已成为大多数国家的战略选择，如何避免重蹈陆地发展的覆辙，海洋生态文明成为各国发展的明智之选。我国海陆疆域兼备，海洋空间广阔，拥有着28 000多种海洋生物，以及联合国教科文组织确定的几乎全部类型海洋生态系统。在18 000千米的海岸线上栖息着近万种生物，它们是中华大地上一道美丽的风景线，是与我们朝夕相处的挚友亲朋。美丽中国离不开美丽海洋，推进海洋生态文明建设是实现共建"一带一路"倡议的必经之路和重要保障，打造美丽海洋是建设美丽中国不可或缺的重要组成部分。

4.1.2 海洋生态文明建设是生态文明建设的关键环节

随着共建"一带一路"倡议的逐步实施，海洋在国家发展战略中的作用日益显著。海洋事业发展关乎国计民生，是实现中华民族伟大复兴的重要支撑。进入21世纪，保护生态环境已成为全球共识，但把生态文明建设作为执政党的施政方针和行动纲领，中国共产党开创了先河，迈出了第一步。将"美丽中国"作为国家建设的宏伟目标和生态文明建设的行动指南，彰显了中国共产党人对人类社会发展规律的深刻认识以及对绿色文明的迫切向往。作为一个发展中大国，中国的生态文明建设任重道远。那片浩瀚的蔚蓝色国土的重要性决定了其生态文明建设的紧迫性和艰巨性。我国作为拥有300万平方千米海域面积的新兴大国，海洋生态文明建设任务繁重。此外，人类活动造成的海洋垃圾污染呈现增多趋势，以石油类、重金属为主的污染物总量也在增加。长期的海洋污染造成的海洋生态破坏严重影响涉海地区经济发展和沿海居住环境，更是各类海洋生态环境灾害的根源之一。近年多发的赤潮、绿潮等就是由自然变异和人为因素共同造成的，给人们的生命财产安全和海岸生态系统都造成了严重威胁。近岸海洋生态灾害已经成为制约我国海洋事业健康快速发展的重要因素。缓解海洋生态环境压力，防治海洋生态环境灾害是我国海洋生态文明建设的重要目标，因为海洋生态文明建设是以绿色用海、科学用海、依法用海为原则，以生态友好型和环境友好型社会为目标，在维护、保持海洋生态系统基本功能的前提下，以创新发展为基本动力，合理开发利用海洋资源，发展海洋事业，为我国全方位建设生态文明保驾护航。生态兴则文明兴，生态衰则文明衰，我国作为一个海陆兼备的大国，陆地生态与海洋生态都是中华民族的生存基础和发展空间，海洋生态文明建设是我国生态文明建设的关键环节和中坚力量，在海洋世纪中缺少了海洋生态文明的参与，我国社会主义生态文明建设将无法完成。建设海洋生态文明、发展海洋经济是新时期我国社会主义事业发展的现实需要，已成为社会主义生态文明建设的关键一环。

4.2　海洋强国战略实施的重要保障

孙中山先生曾说过："自世界大势变迁，国力之盛衰强弱，常在海不在陆，在海上权力优胜者，其国力常占优胜。"①过去的20世纪如果说是陆地战争与海洋争夺平分秋色的话，那么现如今国家间的竞争，无论经济比拼、政治博弈、科技竞赛还是军事斗争，主战场都将是海洋。党的二十大报告深刻阐述了中国式现代化是人与自然和谐共生的现代化，促进人与自然和谐共生是中国式现代化的本质要求之一，并作出"推动绿色发展，促进人与自然和谐共生"的重大部署，这是实现中华民族伟大复兴中国梦的关键举措，是中国特色社会主义事业的重要组成部分，需要海洋工作者以及全社会共同努力去实现。海洋生态文明建设与海洋经济发展之间存在辩证统一关系。海洋生态文明为海洋事业发展提供优良发展空间，而先进海洋经济发展将为海

---

① 王诗成. 海洋强国论［M］. 北京：海洋出版社，2004：30.

洋生态文明建设提供强大物质支持。海洋生态文明建设不仅是未来发展海洋事业的重要目标，更是优质高效推进海洋资源开发与利用的根本保障，是建设现代化海洋强国的本质要求。

4.2.1 建设海洋生态文明是海洋强国的题中应有之义

党的二十大报告强调："发展海洋经济，保护海洋生态环境，加快建设海洋强国。"海洋强国战略是党和政府适时作出的重大战略部署，在对发展海洋经济提出要求的同时，对海洋生态发展也指明了方向。在新时代，"中国推进实施建设海洋强国的战略，既彰显了我国对于保护海洋生态环境、推动海洋可持续健康发展和维护国家海洋权益的决心，又对实现中国梦有着极其重要的意义。"[①]没有良好的海洋生态环境无法高标准、国际化地发展海洋事业，没有现代化的海洋生态文明体系更无从谈起海洋强国的建设。海洋强国的内涵，在不同发展阶段、不同地区均有不同的理解和表述，就我国目前而言，"海洋强国是指在管控海洋、开发利用海洋、保护海洋方面具有强大综合实力的国家。"[②]这意味着海洋强国需要包括以下几个方面：一是具有发达的海洋经济，二是具有强劲的海洋科技实力，三是具有优美的海洋生态环境，四是具有强大的海防力量。时任国家海洋局局长刘赐贵在接受新华社记者专访时表示，我国的海洋强国建设内涵应包括海洋高新科技创新、深远海资源勘探开发、海洋秩序维持、海洋权益维护、海洋生态文明建设等多要素全方位推进。实施海洋强国战略是党中央在实现中华民族伟大复兴中国梦的关键时期作出的重大决策部署，也是马克思主义执政党的重大理论创新成果。在这个理论基础上

---

① 龙仕旻. 论海洋强国战略下的海洋生态文明建设［J］. 智能城市，2016（5）：234-235.
② 刘赐贵. 努力实现从海洋大国到海洋强国的历史跨越［N］. 中国海洋报，2014-06-07（A2—A3）.

重新审视我国未来的海洋战略，不难看出，海洋强国战略不仅能够促进我国的政治、经济和国防发展，还能进一步改善国内产业结构，提升全球竞争实力，拓展生存空间。未来世界，国家竞争的核心是知识的竞赛和人才的竞争，无论是科技的进步还是经济成就的取得，从根本上讲，完全取决于广大劳动者素质的提高和高端人才的智力支撑。海洋强国建设的过程离不开海洋文明意识在全社会范围内的普及，海洋新兴技术产业的发展更离不开海洋科技人才和先进海洋文化的参与。利用海洋文明具有的冒险精神、拓展精神、包容和开放的理念等激发出中华民族的无限潜力，让更多科技人才和经济、社会资源服务于我国的海洋事业，有利于我国国民海洋意识和综合素质的提高。民众生活水平的提高是现代化海洋强国的重要标志之一，海洋强国战略要求不断建立和完善与海洋相关的基础设施，提高沿海地区的现代化和便利化水平；要求涉海地区和企业建立健全社会保障体系，保障人民群众生命财产安全，提高风险抵御能力，进而提升国民幸福指数。国富民强才能真正实现海洋强国、民族复兴的目标。海洋生态文明建设，既是维护和发展人民的根本利益，又关系到我们民族未来的发展。由此可见，海洋生态文明是海洋强国战略的重要组成部分，是题中应有之义。要想加快推进海洋强国战略的实施，就必须高度重视维护和修复海洋生态环境、优化海洋经济产业结构、创新海洋科技、健全海洋生态法规、全面推动海洋生态文明建设。以坚实的海洋经济产业、强大的海洋国防力量、健康的海洋生态环境和领先的海洋创新科技为我国的海洋强国战略添砖加瓦。

4.2.2　海洋生态文明建设为发展海洋强国保驾护航

习近平总书记立足当前世界格局，对我国的海洋强国战略提出了明确的要求："坚持陆海统筹，坚持走依海富国、以海强国、人海和谐、合作共赢的发展道路，通过和平、发展、合作、共赢的方式，扎实推进海洋强国建设"。[①]海洋强国建设是一项系统工程，需要多方努力、积极配合。我国在改革开放40多年中取得了举世瞩目的建设成就，海洋经济发展迅速。但在发展过程中也存在一些问题，突出表现在三个方面：一是海洋资源的过度开发和海洋环境污染严重。频繁的海洋开发和资源利用使得海洋生态系统承受巨大压力，海洋生态承载力逐年下降，海洋自净能力加速丧失，服务功能退化严重。二是海洋产业结构落后，海洋资源单位产出率低，综合效益不高。近年来，我国海洋三类产业结构比呈现出逐年优化的态势，但与现代化海洋产业结构还有较大差距。目前，我国大部分涉海地区海洋产业仍以传统的捕捞、养殖业为主，以资源开发型和劳动密集型产业为主，而海洋旅游、生态观光、海洋生物制药和海洋发电等海洋高科技产业发展相对滞后，占比不高。三是海洋综合管理体系不健全，效率不高。目前的海洋管理实行分散管理，即在传统海洋产业基础上，分部门、分行业、分地区管理，各管理机构之间缺乏协作，数据沟通不畅，政出多门和推诿扯皮事件时有发生；另外，相关海洋法律法规不健全，依法治海体系覆盖面较小，不能对所有涉海行为进行有效法律规范，与我国当前海洋产业发展需求不相适应。构成海洋强国的要素不是相互独立、不相往来的个体，而是相互促进、相互影响的协同关系。良好的海洋生态是实施海洋强国战略的基础与保障，难以想象，没有健康的海洋生态环境，在混乱肮脏、污染严重的海岸上会出现游人如织的旅游胜地；缺失了洁净海水的海域，海洋生物也会荡然无存，以此为依托的海洋经济发展就无从谈起。因此，必须树立"美丽中国"离不开美丽海洋的

① 习近平. 习近平在中共中央政治局第八次集体学习时强调进一步关心海洋、认识海洋、经略海洋，推动海洋强国建设不断取得新成就［N］. 人民日报，2013-08-01（1）.

观念，理解海洋生态文明建设对海洋强国战略的重要保障与支撑作用。历史和现实的发展都一次次地证明，海洋生态文明建设刻不容缓。通过把海洋生态文明建设纳入海洋强国战略的总体布局之中，提升海洋资源配置利用水平，提高对海洋生态环境的综合管理效率，加快推进海洋生态文明示范区建设，推动新型海洋科技创新，建立高层次协调发展机制等措施，全面、科学、持续推进海洋生态文明建设。只有海洋生态秩序健康平稳，才能实现海洋经济腾飞和海洋权益保护，进而赢得世界各国的尊重，不断向海洋强国迈进。

4.3　人海协调发展的迫切需要

马克思主义生态自然观认为，人与自然和谐相处是经济社会发展的终极目标。实现人与海洋的协调发展、共生共荣是人类活动改造自然的出发点和落脚点。我国的海洋开发活动始终要以协调陆海统筹、协调人地关系、协调区域发展为方向，以国际化、法治化、标准化的要求，建立健全相关海洋事务体系，完善海洋发展软环境建设，努力拓展海洋发展空间和深度，提升中华民族海洋发展意识，将海洋元素内化于民族基因之中，真正使我国成长为海陆协调发展的强盛大国。良性、健康的海洋生态文明体系是实现这一伟大目标的基本条件。构建海洋生态文明，就是要做到海洋与陆地协调发展、海洋区域协调发展、人类活动与海洋环境相协调的全面发展。在此基础上建设的海洋生态文明体系，科学、持续地推动生产力进步和社会繁荣。在贸易保护主义有所抬头的大环境下，建设海洋生态文明，就是坚持科学发展，更加注重以人为本，更加注重协调可持续发展，注重保障和改善民生，促进社会公平正义。

4.3.1　海洋生态文明建设是促进和谐人海关系的有效举措

"人海和谐共处，应是21世纪人类社会追求的海洋文明理念。它既是海洋开发利用进入新阶段，出现海洋生态经济危机的情况下进行反思的产物，又是吸收古代东方天人合一思想的再创造。"①促进人海和谐，需要调整人与海洋、人与人之间的各种关系。这种调整需要从专业海洋知识的普及、相关管理制度设计、海洋立法执法、公民海洋意识提升等多方面开展，随着研究的不断深化，人们对人海和谐理论的重要性的认识也不断加深。

因此，人海和谐共处、持续发展、共生共荣，应成为我国适应新形势下复杂海洋环境、建设美丽海洋和海洋强国战略的重要内容。其具体内容与我国的海洋创新驱动生态文明建设内涵有诸多共通之处。一方面，人海关系就是人类与海洋环境直接互动影响的关系。海洋生态文明建设从维护海洋生态平衡、保护海洋生态环境的角度出发，要求人类尊重海洋、减少对海洋的干预和破坏，形成人类与海洋和谐共生的局面；另一方面，海洋生态文明建设的重要环节是海洋经济健康持续发展，这就要求用海者切实遵循和敬畏海洋自然规律，科学、合理地利用海洋资源，其行为准则不再是以经济指标作为单一标准，而是密切关注海洋生态对其实践活动的反馈，以切实可行的措施保障经济效益与海洋生态协同并进，最终形成人类与海洋和谐相处、共同发展的良好格局。因此，构建海洋生态文明的过程就是重塑人海互助、人海共荣、人海和谐的过程。海洋是人类生存和发展的重要资源和载体，但就目前的形势看，由于人类的无知以及对物质资源的渴求，对海洋的过度开发和不合理利用，导致海洋资源受到巨大破坏，同时也

---

① 杨国桢. 人海和谐：新海洋观与21世纪的社会发展［J］. 厦门大学学报（哲学社会科学版），2005（3）：36-43.

使得人类自身遭受海洋的报复。我国正在大力推进的共建"一带一路"倡议正是基于对海洋广阔前景和人海和谐关系的重要性的认知。建设和谐的人海关系，可以促进人类与海洋资源、海洋环境的良性互动，实现人类和资源的持续长久发展，最有效的方法就是加强海洋生态文明建设，将生态文明的理念融入海洋开发、利用的各方面和全过程，在开发中保护，在保护中开发，边开发边保护，既不因噎废食，又不竭泽而渔，既造福于当代，又顾及未来。

4.3.2　海洋生态文明建设是促进陆海统筹的关键所在

2010年10月，"十二五"规划首次提出海洋发展战略的新理念，即"坚持陆海统筹，制定和实施海洋发展战略，提高海洋开发、控制和综合管理能力"。陆海统筹战略是国家在新世纪新阶段高瞻远瞩作出的重大决策，体现了陆海协调均衡可持续发展的战略思维，是建设中国特色海洋强国之路的新型发展模式。2022年4月，习近平总书记在视察海南时强调："要突出陆海统筹、山海联动、资源融通，推动城乡区域协调发展。"我国作为拥有广阔海疆的大国，协调发展的重点，便是陆地与海洋的协同共进。在自然资源逐步萎缩，环境污染逐步加剧的时代背景下，依照建设海洋生态文明的总体规划，系统地发展潮汐能、风能等清洁能源，为经济发展提供能源支持；依托海路航线提高运输效能、减轻陆地运输压力；开发海洋生态旅游，拓展海洋观光等蓝色产业等，是发挥我国海陆兼备的地缘优势，缓解陆地资源压力的重要举措。这些举措无一不体现海洋生态文明建设的深远战略意义。陆海统筹就是促进陆地和海洋的统筹协调，实现陆地向海洋的转型，推进二者的互利共赢。这里需要强调的是，统筹发展还包括海洋区域协调。区域协同，不仅可以缩小沿海地区海洋经济发展差距，也是解决区域海洋产业同构而导致产业结构单一、资源环境破坏等问题的最有效方式。实现不同沿海地区间生产要素（包括劳动力、技术、资本和信息等）的自由流动。陆海统筹，不仅包括陆海经济统筹，更包括陆海权力、陆海文化、陆海生态、陆海法律等各方面的统筹。中国制定陆海统筹战略，是对诸如蓝色圈地、赤潮、厄尔尼诺、拉尼娜现象等全球问题的积极回应。而要真正实现陆海统筹，却绝非易事。海洋生态文明建设就是重要的内容，加强海洋生态文明建设，实现海洋的可持续发展，从而推动陆海统筹的实现。

4.3.3　海洋生态文明建设是人与自然协调发展的必然选择

马克思主义哲学向我们揭示世界上的任何事物都是矛盾的对立统一体。自然界和人类社会也如此，二者是辩证统一的关系。随着科学技术的发展，人类认识自然、改造自然的能力不断增强，更多的自在自然转化为人化自然，但人类在征服自然、利用自然的同时，由于认识水平有限、价值观偏差、急功近利等思想的影响，对自然造成了极大的损伤和破坏。受传统"人类中心主义"伦理观的影响，致使即便有相关的保护生态环境的法律法规，由于认识论的偏差，在执法和守法的过程中都会出现一系列问题，导致法律法规无法严肃执行。究其根源，人们不了解人与自然应当是和谐相处的状态，人们对于环境伦理的认知水平并没达到生态文明社会的要求，进入生态文明新时代，人们应对自然秉持一种理性的态度，以正确的生态伦理观为指引，准确认识人与自然的关系。"环境伦理是人与生态环境之间的一种利益分配和善意和解的紧密相关的关系，是人与自然的和谐共生关系"。①实践证明，人类不是万物的尺度，而只是自然的一部分，这

---

① 吕忠梅. 超越与保守：可持续发展视野下的环境法创新 [M]. 北京：法律出版社，2003：72.

种拼资源、拼消耗的极端做法，对经济发展，对社会进步都是极其不利的。痛定思痛，我们应该选择一种理性的生存模式，从生态文明的提出到海洋生态文明建设，都闪耀着人类的生态智慧。海洋是自然系统的重要组成部分，为了改善生态环境、维护生态平衡，实现人与自然协调发展，首先要解决人地和谐、人海和谐问题，人类与海洋相互关联、互为依托，符合和谐社会的内在逻辑，海洋生态文明建设成为大势所趋。

4.4 海洋绿色发展的根本出路

中国绿色发展为世界贡献了中国方案。2016 年，联合国环境规划署发布《绿水青山就是金山银山：中国生态文明战略与行动》报告。可以看到，我国的生态文明建设经验做法正在为全世界提供可持续发展方面的重要借鉴。我国的绿色发展理念强调的是人与自然的全面发展。它要求以绿色经济发展为中心，以公平正义为准绳，实现经济繁荣、社会和谐、道德进步和生态平衡，最终实现人、社会、自然的和谐共荣。历史唯物主义的观点认为，公平正义可以从两个方面来理解，首先是过程的公平性，公平正义的根本要求是对社会中的每一个人平等地适用和执行法律制度；其次是结果的公平性，即实现最终结果的公平正义，其本质是实现社会中大多数人的利益诉求，与此同时，还应辩证地强调对不同的人和不同情况应该给予不同的对待，以达到结果上的公平正义。党的二十大报告提出："中国式现代化是人与自然和谐共生的现代化。人与自然是生命共同体，无止境地向自然索取甚至破坏自然必然会遭到大自然的报复。我们坚持可持续发展，坚持节约优先、保护优先、自然恢复为主的方针，像保护眼睛一样保护自然和生态环境，坚定不移走生产发展、生活富裕、生态良好的文明发展道路，实现中华民族永续发展。"这是关系到民族兴衰和国家命运的基本国策，需要在海洋、陆地和天空中全面实现人与自然的和谐共生。我们更加需要看到，没有海洋及其相关产业参与的绿色发展是不全面的绿色发展，没有构建海洋生态文明的社会，绝不是生态文明的社会。尽管我国海洋生态环境总体保持在较高水平，但是，随着我国进入大规模开发利用海洋时代的到来，海洋资源、环境也遭受到了巨大的破坏。海洋生物多样性下降，富营养化加剧，赤潮频发，溢油事故严重等等问题层出不穷。面对出现的一系列海洋环境问题，为推动海洋资源的持续利用，促进海洋生态环境的良性循环，加强海洋生态文明建设刻不容缓。

4.4.1 海洋生态文明建设是合理开发利用海洋资源的基本前提

海洋资源泛指海洋环境中存在的现在和未来能够被人类所利用的物质、能量和空间等一切资源。目前，世界能源危机还在持续，新能源开发利用举步维艰，我国正处在民族复兴的关键时期，海洋资源的开发利用将深刻影响国家和民族的兴衰荣辱。相比于已经勘探开采到极限的陆地资源，海洋资源却是未来各国需要极力争取的战略要地，海洋资源的开发和利用直接关乎国民经济和社会的健康、持续发展。我国海域辽阔，海洋资源种类丰富，石油天然气、固体矿产、海滨旅游、海洋生物等资源丰富，开发潜力大。但海洋资源是有限的，而非取之不尽用之不竭的，某些地区对海洋资源掠夺性开发，只知用海而不知养海，从而导致海洋开发的无序状态，这就需要合理开发利用海洋资源。

近年来，我国海洋资源开发势头良好，总体保持平稳态势，但海洋资源利用率不高一直是海洋资源开发和海洋产业发展的一大瓶颈。造成这种情况的原因有两点：一是海洋资源特别是海洋矿产资源分布范围松散、资源密度低，部分贵重金属资源分布在深远海地区，受到海浪、海风等恶劣因素影响，开采难度大，开采成本高；二是我国海洋资源开采起步相对较晚，海洋资源勘探、开采能力弱，技术水平低，机械化程度不高，受到技术和设备力量的制约，难以实现现代化作业。并且由于海洋产业发展方式较为粗放，还是以传统的小船捕捞、近海养殖为主，海洋生物资源浪费现象也比较严重。海洋生态文明建设就是这一环节的基本前提，因为海洋生态文明建设以科学用海为原则，以可持续利用为准绳，在维护海洋生态基本平衡的前提下，合理开发利用海洋资源，实现海洋经济与海洋资源的协调统一，从源头上控制海洋生态环境问题。海洋生态文明建设以改善海洋生态环境、维护海洋生态平衡为目标，着力发展新型高科技海洋产业，以科技创新、金融服务助力海洋经济发展，促进海洋产业供给侧结构性改革，培育新型海洋产业，是合理开发利用海洋资源的重要前提。

4.4.2　海洋生态文明建设是治理海洋生态环境污染的重要措施

近年来，我国依托丰富的海洋资源，大力发展海洋经济，取得了巨大的成绩。但不可否认的是，在经济增长的同时，海洋资源遭受了巨大破坏，海洋污染日益加剧。尽管我们采取立法、执法等多种手段保护海洋，但我国海洋环境污染形势依然堪忧，必须采取有力措施，加强海洋环境保护，提高海洋环境保护水平。人类活动造成的海洋污染事故主要集中在海上作业、远洋运输等活动。近年来，"蓬莱19-3油田溢油事故""大连新港7·16油污染事件"等重大海洋污染事件，对事发海域的生态环境造成了巨大的破坏。由于污染导致的海水富营养化，是导致赤潮发生的主要原因。发生赤潮的海水较一般海水更加黏稠，不易清洗，含氧量降低，所经海域的渔业资源和生态环境破坏极其严重。海洋生态文明建设是解决海洋生态环境问题的有效举措，通过政府对海洋生态文明建设制定有效的政策，在合理利用海洋资源的前提下，坚持预防与治理相结合，保护与开发同推进，最终实现人类与海洋的和谐共生。

4.4.3　海洋生态文明建设是防治海洋生态环境灾害的根本途径

"海洋生态环境灾害是指海洋自然环境发生异常或剧烈变化，导致海上或海岸构筑物、农业、水产、交通、海上石油开发等生产活动遭受严重破坏，发生人员伤亡和经济损失的自然灾害。海洋生态环境灾害可以划分为海洋生态灾害和海洋环境灾害。海洋生态灾害是由自然变异或人为因素导致的损害海洋和海岸带生态系统的灾害，如赤潮、绿潮等；海洋环境灾害是指海洋自然环境发生异常或剧烈变化，导致海上或海岸带发生的灾害，如海啸、海冰、海浪等等。"[①]近年来，海洋灾害特别是近海海洋灾害频发，破坏了灾害发生地的自然环境和经济基础设施，给人民群众生产生活带来巨大损失，已经成为制约我国海洋经济发展的重要瓶颈之一。综合最近20年的统计资料，我国由风暴潮、风暴巨浪、严重海冰、海雾及海上大风等海洋灾害造成的直接经济损失每年约5亿元，死亡500人左右。经济损失中，以风暴潮在海岸附近造成的损失最多，而人员死亡则主要是海上狂风恶浪所致。如果说风暴潮等恶劣天气灾害是天灾，那么以赤潮、浒苔为代表的海洋灾害则是人祸的代表。无序、无度的近海污染物排放导致沿海地区大量的海水富营养化现象，这种现象是赤潮、绿潮等海洋灾害的元凶。就目前总的情况来看，不光在我国，海洋灾害给世界各国带来的损失也呈上升趋势。这是人们不注重海洋生态保护，忽视海洋生态文明导致的直接恶果之一。海洋灾害严重影响了我国海洋活动的

---

①　袁红英. 海洋生态文明建设研究［M］. 济南：山东人民出版社，2014：43.

开展，为避免由于人为因素导致的海洋灾害，就要规范和约束人类的用海行为，通过加强海洋生态文明建设，提高人们保护海洋生态环境的意识，杜绝有毒有害污染物排放，制定陆源污染物净化标准，坚持科学用海、持续用海，保持对海洋的可持续利用是解决海洋灾害问题的最根本、最有效途径。

4.5　海洋经济发展的保障支持

海洋经济越来越成为国家经济中的新兴力量和最快增长点，这种趋势还在不断扩大。随着海洋高新科技的大量应用，海洋经济发展的增长潜力巨大。当前，海洋为我国提供了超过五分之一的蛋白质食物，接近四分之一的石油和天然气资源；东部沿海地区用不到15%的国土面积承载了全国接近一半的人口。海洋经济已经成长为国家发展的战略支撑力量。科学、持续地开发利用海洋，对于缓解我国面临的粮食安全、能源安全等问题至关重要。随着我国开放型经济的形成，海洋的战略地位日益突出，大力发展海洋经济已经成为共识，而绿色发展理念在海洋经济中的重要体现就是经济发展反哺海洋生态文明建设，在改善人民生活水平和提高国家建设水平的同时，优化海洋环境和维护海洋生态健康，为海洋经济持续发展提供保障。

4.5.1　海洋生态文明建设是发展海洋经济的基本保障

生态文明是后工业文明时代的产物，要比工业文明更高级，它追求的是人类与自然的持续健康融洽关系，而非局限于眼前利益。世界上75%的面积被海洋包围，而我国蓝色国土300万平方千米，海洋生态文明建设对整个生态文明建设至关重要。海洋经济是国民经济的重要组成部分，发展海洋经济的目的是为人们创造物质财富和经济价值，但又不局限于此，需要海洋经济发展与海洋资源环境相统筹，考虑到当前我们发展海洋经济与后代继续开发利用海洋资源的双重需要，不能以牺牲后代人的发展空间、牺牲海洋资源、破坏海洋环境为代价来满足当代人发展的利益。海洋生态文明建设的根本目标是维护海洋生态平衡，保护海洋环境不受破坏，集约利用海洋资源，改变过去先污染后治理或者边污染边治理的传统经济增长模式，节约和保护海洋资源，提升海洋经济的科技含量，实现我国海洋事业的健康、快速、绿色、可持续发展。"我们既要绿水青山，也要金山银山，而且绿水青山就是金山银山。"发展新型现代化海洋事业，追求人民生活富足，国家富强，不仅仅是追求眼前的利益增长，还要遵循海洋自然规律，建设海洋生态文明，为国家经济和社会发展创造优质发展环境，为民族海洋事业保驾护航，实现国家和民族永续发展的百年大计。

4.5.2　海洋生态文明建设是转变海洋经济发展方式的客观需要

当今世界，陆地资源不断紧缩，人口飞速增加。蓝色海洋是未来人类生存和发展的重要资源基地和崭新的生活空间。海洋世纪之中，人类的可持续发展将更多地依赖海洋。目前，世界政治经济格局波谲云诡，国家博弈的舞台已经悄无声息地从陆地转向了大洋。海洋在我国经济发展中的作用日益突出，新一轮海洋开发高潮正在加快形成。在这种背景下，如果继续沿袭依靠资源消耗实现经济增长的传统发展模式，将会进一步加剧我国海洋生态环境系统的恶化。为了保护海洋资源和环境，促进海洋生态系统的健康平衡，必须加快转变海洋经济发展方式。加快转变经济发展方式是我国经济社会领域的一场深刻变革，要贯穿经济社会发展全过程和各领域，提高发展的全面性、协调性和可持续性。从总体上看，我国海洋经济发展内生动力不足、海洋产业结构不合理、区域发展不平衡等问题凸显。我国正处于重化工业快速发展时期，随着钢铁、石化、有色金属等重化工行业向沿海地区转移，这些产业污染物排放较多，种类复杂，存在着很大的环境污染风险，转变海洋经济发展方式任重道远。加强海洋生态文明建设，调整海洋经济结构，优化海洋产业布局，加强对海洋生态资源的高效利用和对海洋环境的合理保护。

4.5.3 海洋生态文明建设是促进海洋经济可持续发展的强劲动力

可持续发展理论强调发展既要满足当代人的需求，又不损害后代人的发展需要。我国海洋经济正处于快速发展的重要机遇期，重视海洋资源环境保护、实现海洋经济与海洋资源环境的协调发展十分重要。海洋经济的可持续发展就要求发展与保护并重。一方面，我国还处于发展中国家，发展是第一要务，人民日益增长的美好生活需要和不平衡不充分的发展之间的矛盾仍是我国的主要矛盾，这就决定了需要用发展来解决前进中的困难和问题；另一方面，我国海洋经济的发展还建立在对资源的严重破坏和浪费基础之上，资源利用效率不高，环境污染严重等问题还普遍存在。如何克服海洋经济发展与海洋生态环境保护之间的矛盾是全社会需要齐心合力共同应对的问题。海洋生态文明的提出为海洋经济的可持续发展提供了前进的方向，按照海洋生态文明建设的逻辑，海洋的发展不能重走先污染后治理的老路，而是要遵循一种科学的发展思路，坚持节约集约用海，依靠科学技术，提高资源的利用效率，提高海洋综合管理能力，以海洋生态文明建设引领海洋经济的可持续发展。历史唯物主义的观点认为，人民群众是历史的主体和创造者，是社会赖以存续和发展的物质财富和精神财富的创造者，也是社会变革的决定力量。每一次社会进步、观念的提高和生产力的发展，其发起者和实施者都是人民群众，因此，社会经济文化发展的果实理所应当地为人民群众所共同享有。当人民群众切实感受到生活环境的优化、生存压力的减轻和生活水平的提高，必然会带来全社会经济发展的不竭动力。

5

我国海洋生态文明建设现状分析

我国正处在走向海洋、建设海洋强国的战略机遇期，海洋生态文明建设的成败不仅关系到沿海地区人民生活品质的提升，也是向世界展现中华民族崭新面貌的主要途径。为实现我国在海洋上广泛的战略利益，必须围绕海洋强国的战略目标，促进海洋经济、海洋资源利用、海洋环境保护、海洋科技教育和海洋社会公共事业的统筹协调发展。经过40多年的发展，中国特色社会主义市场经济建设取得了人类历史上绝无仅有的辉煌成就。依靠丰富的海洋资源供给和海上贸易的推动，我国的经济总量已经超过日本，成为仅次于美国的世界第二经济大国。然而，随着人口红利的不断衰减，老龄化趋势的进一步加重以及资源环境压力的不断增加，作为一个发展中国家，曾经支撑我国经济社会建设的传统、粗放的海洋产业模式已经显现出疲态，而海洋资源和海洋生态环境付出的代价更是触目惊心。第一，陆源污染长期得不到有效控制，近海生态压力持续增加；第二，海洋资源的无序、过度开发加剧了海洋生境退化现象；第三，我国的海洋生态监管体系脱节于时代发展进程，各类现代化、科学化的监管措施不到位，对于海洋生态损害行为的管控以及损害后果的赔偿监督缺失；第四，我国海洋生态文明建设的参建主体单一，并且其考核评价体系并未明确；第五，督促和激励制度不完善，造成部分任务项目奖惩无据，参建单位的主动性和积极性并未调动起来，建设目标难以达成；第六，海洋利益纷争不断，导致海洋生态国际交流与合作欠缺。总体来看，由于主体原因和地缘政治因素等制约，我国海洋生态文明建设的系统化、科学化和现代化程度仍然较低，全面实现海洋生态文明建设目标仍然任重而道远。

5.1 我国海洋生态文明建设取得的成就

探索海洋、经略海洋从来都是我国国家战略中最为重要的组成部分。新中国成立以来，特别是改革开放以来，我们党不断探索适应时代发展的海洋强国战略，不断丰富、明确海洋生态文明建设的指导思想和总体要求，深刻、系统地回答了海洋生态文明建设的若干重大理论和实践问题，为我国海洋事业绿色发展、循环发展和低碳发展指明了方向。在党中央的正确领导下，经过几代人的不懈探索和实践，我国的海洋生态文明建设研究从无到有、蓬勃发展，海洋生态文明建设在党的纲领性文件中多次出现，地位不断提升。不断丰富的研究成果促进了我国的海洋生态环境保护和资源节约利用、蓝色海洋产业发展和全社会海洋生态文明意识的逐步提高，丰富了中国特色社会主义理论体系。

5.1.1 海洋生态文明建设提升至国家高度

海洋生态文明建设是生态文明体系的有机组成部分，是未来我国经济社会持续健康发展的重要保障。海洋生态文明建设是我国对内优化生存环境、净化生存空间和向外展现国家软实力的重要手段，此举顺应时代潮流，契合人民期待，是我党执政理念和执政水平提高的重要体现。

进入新世纪以来，着眼于国内外形势，党中央高屋建瓴地提出了一系列海洋生态文明建设构想。国务院于2011年12月公布的《国家环境保护"十二五"规划》指出："制定生态文明建设指标体系，纳入地方各级人民政府政绩考核。实行环境保护一票否决制。"党的二十大报告中强调指出："发展海洋经济，保护海洋生态环境，加快建设海洋强国。"将海洋强国建设作为推动中国式现代化的有机组成和重要任务，这是以习近平同志为核心的党中央对海洋强国建设作出的明确战略部署。我们必须坚持以习近平新时代中国特色社会主义思想为指导，以新作为推动海洋强国建设不断取得新成就，全力推进中国式现代化，为全面建成社会主义现代化强国贡献力量。

2013年7月在中共中央政治局第八次集体学习时，习近平总书记发表重要讲话，强调："我国既是陆地大国，也是海洋大国，拥有广泛的海洋战略利益。经过多年发展，我国海洋事业总体上进入了历史上最好的发展时期。这些成就为我们建设海洋强国打下了坚实基础。我们要着眼于中国特色社会主义事业发展全局，统筹国内国际两个大局，坚持陆海统筹，坚持走依海富国、以海强国、人海和谐、合作共赢的发展道路，通过和平、发展、合作、共赢方式，扎实推进海洋强国建设。"[①]这一论述丰富了我国海洋生态文明建设的理论内涵，进一步明确了我国海洋生态文明建设的总体目标，为我国海洋生态文明建设指明了方向。在此基础上，习近平总书记提出"要提高海洋资源开发能力，着力推动海洋经济向质量效益型转变"；"要保护海洋生态环境，着力推动海洋开发方式向循环利用型转变"；"要发展海洋科学技术，着力推动海洋科技向创新引领型转变"；"要维护国家海洋权益，着力推动海洋维权向统筹兼顾型转变"，[②]为我国海洋生态文明建设指明了具体研究方向，更是实践的重要抓手。面对我国海洋事业的发展问题，2013年10月，习近平总书记创造性地提出建设"21世纪海上丝绸之路"的构想，延续我国悠久的航海事业，通过与海上丝绸之路沿岸国家加强经济和能源合作，着力推动建设海洋合作伙伴关系。"21世纪海上丝绸之路"和"丝绸之路经济带"所构成的共建"一带一路"倡议是党中央站在时代潮头，面对波谲云诡的国际形势，顺应时代发展规律和全球化浪潮，以开放包容的胸怀作出的伟大战略部署，是对部分国家和地区贸易保护主义有所抬头现象的有力回

---

① 习近平. 进一步关心海洋认识海洋经略海洋 推动海洋强国建设不断取得新成就[N]. 人民日报，2013-08-01（1）.
② 习近平. 进一步关心海洋认识海洋经略海洋 推动海洋强国建设不断取得新成就[N]. 人民日报，2013-08-01（1）.

击。2022年，党的二十大报告将"人与自然和谐共生""坚持可持续发展，坚持节约优先、保护优先、自然恢复为主的方针，像保护眼睛一样保护自然和生态环境，坚定不移走生产发展、生活富裕、生态良好的文明发展道路，实现中华民族永续发展"作为新时代中国共产党的使命任务之一，以中国式现代化全面推进中华民族伟大复兴。

当前，全面发展、迅速崛起的中华民族正处在海洋强国探索的又一个高峰，中国有机会通过海洋不断拓展生存空间、发展全球产业、与沿海各国互惠互利、互助共赢实现中华民族的伟大复兴；更要通过新时代丰硕的海洋生态文明建设成果来保障"21世纪海上丝绸之路"繁盛畅通，向世界展示隽永厚重、生机勃勃的中华文明。

5.1.2 海洋生态经济发展渐成规模

海洋生态经济是生态经济学的不可分割的一部分，是新形势下海洋生态文明建设的重点环节和可靠支撑。加快海洋生态经济发展是缓解陆域资源紧缺、优化海洋经济产业结构的必然要求。2021年12月31日，国家市场监督管理总局（国家标准化管理委员会）发布公告，由国家海洋信息中心负责起草的国家标准《海洋及相关产业分类》（GB/T20794-2021）正式发布，标准将于2022年7月1日起正式实施，修订后的标准根据海洋经济活动的性质，将海洋经济分为海洋经济核心层、海洋经济支持层、海洋经济外围层。在产业分类层面新标准更加细化，将海洋经济划分为海洋产业、海洋科研教育、海洋公共管理服务、海洋上游产业、海洋下游产业等5个产业类别，下分28个产业大类、121个产业中类、362个产业小类，既全面反映了海洋经济活动分类状况，又重点突出了海洋产业链结构关系。在"十三五""十四五"期间，海洋经济始终作为国民经济发展的重要增长点，总量不断迈上新台阶，海洋新产业、新业态不断涌现。海洋工程装备制造业、海水利用业、海洋药物和生物制品业、海洋信息服务业等新兴产业发展规模日益壮大。海洋渔业、海洋油气业、海洋船舶工业、海洋交通运输业等传统海洋产业内涵不断丰富，融合科技、环保、智能化的新业态让传统海洋产业获得了新发展，产业范围也发生了变化。

随着我国海洋科技创新步伐的加快和经济社会发展的需求，一批新的海洋生态经济门类逐步出现并不断发展壮大形成产业规模，如海洋电力产业、海洋生物制药、海水综合利用和海洋旅游业等构成了我国海洋生态经济的主体。以海洋生物医药产业为例，在上海、广东和山东等省区，政府制定了海洋生物医药产业发展规划、引导建设了一批蓝色生物医药产业园，经过多年培育，海洋生物医药产业基本实现了规模化与集聚发展模式。"海洋生物医药产业主要是指利用高新技术从海洋生物中提取有效成分制取生物化学药品和保健品的生产活动"[①]，其生产原料价格低、产品附加值高、经济效益可观。美国、日本、澳大利亚在这方面的研究领先于世界，其产业链延伸范围非常广泛，涉及海洋捕捞、海洋设备制造和医药产品销售等多个领域。海洋生物繁育和养殖、捕捞等产业提供生物原料，延伸带动海产品加工设备、深远海捕捞设备等高端海洋装备制造产业发展；海产品精、深加工和海洋生物活性物质萃取等技术的研究及应用需要大量优质海洋生态产业工人和科技工作者；而下游产业链中的海洋生物药品、医疗器具及保健食品等的销售推广必然带动大量商业行为的产生，创造巨量的经济效益和社会价值。近年来我国海洋生物医药业增长较快，海洋医药行业增加值从 2006 年的 26.5 亿元增长至 2020 年的 746 亿元，自 2021 年以来我国海洋医药行业增加值增长迅速，2022 年增加值同比增速达到 7.1%。另外，海洋旅游业也是经济的重要增长点。在绿

---

① 欧春尧，宁凌. 经济新常态下我国海洋生物医药产业发展战略选择研究［J］. 南方农村，2017，33（3）：18—23.

色发展理念的指引下，沿海地区充分认识到海洋生态资源的经济价值，各地政府积极拓展开发体现自身环境特点和具有海洋文化特色的旅游产品、旅游线路，吸引国内外游客前来消费、观光。国外以海洋为主题的旅游产品在国内海洋旅游产业的带动下也得到全面开发。我国在 2013 年把当年的旅游主题定为"中国海洋旅游年"，海洋旅游产业成为沿海地区经济社会发展的重要推动力，在促进经济快速、可持续发展方面发挥着越来越突出的作用。2023 年，海洋服务业增加值 58 968 亿元，占国内生产总值比重为 4.7%，拉动国民经济增长 0.3 个百分点。随着扩内需、促消费各项政策措施落地显效，海洋旅游消费市场明显回暖。海洋旅游业增加值 14 735 亿元，比上年增长 10.0%，居民旅游需求得到释放，多家邮轮港实现邮轮复航。目前，海洋旅游产业被国家列为新兴海洋生态经济产业予以重点扶持，海南三亚的热带、亚热带海滨观光旅游业发展迅速，深海观光、远海垂钓等新的旅游业态日益成熟，我国海洋旅游业已步入规模化与优质化阶段。如上所述，海洋旅游产业作为沿海地区新兴的生态经济模式，在推动经济发展和改善民生等方面发挥了重要作用。可以看到，我国的海洋生态经济发展势头强劲，产业规模不断扩大，海洋生态经济产业已成为我国海洋经济的重要增长极。

5.1.3 海洋生态文明示范区建设方兴未艾

创建国家级和省、市级海洋生态文明示范区可以提高区域内海洋生态综合管理效率，促进海洋经济发展方式的转变，促进海洋资源的集约利用和生态系统的有效监督，对周边地区的海洋生态文明建设可以起到巨大的示范带动作用。

2012 年 1 月和 9 月，国家海洋局先后印发了《关于开展"海洋生态文明示范区"建设工作的意见》、《海洋生态文明示范区建设管理暂行办法》和《海洋生态文明示范区建设指标体系（试行）》，这三个文件为推动沿海地区合理开发利用海洋资源，促进产业结构转型升级，科学、有序、规范开展海洋生态文明建设工作提供了基本遵循。2015年7月16日《国家海洋局海洋生态文明建设实施方案》（2015—2020年）发布，该实施方案为我国海洋生态文明建设指明了发展和努力方向，发展日程更加清晰，目标任务更加明确。这标志着我国海洋生态文明示范区建设进入了系统化、科学化、法治化阶段。在此背景下，一批自然禀赋较好、海洋资源开发布局相对合理、具有一定海洋特色发展优势和潜力的地区积极申请示范区建设指标，以期在产业政策指引和扶持下提高区域生态文明整体水平。2013年，国家海洋局公布了12个首批国家级海洋生态文明示范区。2015年，国家海洋局又批准了山东省青岛市、辽宁省盘锦市等共12处国家级海洋生态文明建设示范区，截至目前，共确定24处国家级海洋生态文明示范区。各地政府部门充分发挥区域自然禀赋，整合优势产业资源，紧紧依托海洋生态文明示范区建设这一有利的政策扶持契机，加快推动海洋事业发展，先后着手制定并实施包括经济发展、生态保护、文化建设、舆论宣传等在内的配套发展计划，取得了阶段性成果。以山东省青岛市为例，在正式获批第二批国家级海洋生态文明建设示范区后，成立了由市政府主要领导担任组长、各区市相关单位全部参与的海洋生态文明示范区建设工作领导小组，详细地制定了《青岛市国家级海洋生态文明示范区创建工作方案》，以《国家海洋局海洋生态文明建设实施方案》（2015—2020年）为指导，结合青岛市实际发展状况，编制了《青岛市海洋生态文明示范区规划》（2015-2020年），以期指导青岛市海洋生态文明建设相关工作有序推进。2015年，大小管岛岛群生态系统省级海洋特别保护区获批。经过市政府的不断努力，目前已新增6个海洋保护区，近海海域总面积达6万多公顷，受其影响，胶州湾海域的生物多样性进一步丰富，海洋景观质量不断提升。

目前，各地海洋生态文明示范区的建设工作有序推进，重点把握海洋生态文明建设中最突出、最迫切的问题，诸如海洋生态资源合理利用、海洋生态保护与修复、海洋产业布局、海洋管理制度等方面，力求在完善海洋生态文明建设激励和约束机制方面取得显著成效。在海洋生态监管职责体系、考核指标体制、管理制度等方面，特别是在海洋生态资源补偿与损害赔偿、海洋环境治理和修复等领域，在国家产业政策的宏观指导下，不断创新海洋综合管理手段，大胆探索出了一些新路。海洋生态损害补偿和损失赔偿制度在山东等沿海省份已全面铺开，海洋生态红线制度已基本建成并初见成效，为维护海洋生态安全发挥了重要作用。四川、山东、广西等省区建立生态环境保护联席会议制度，通过定期召开包括海洋、环保和地方政府等多部门共同参加的联席会议，形成工作合力，加强对海洋生态环境的保护和修复工作。在经济效益方面，先后两次获批的共24家示范区除了自身拥有得天独厚的自然区位优势，自身产业发展及相关政策、配套服务也最为成熟，有效带动了周边地区产业结构优化调整，部分地区实现了海洋生态产业跨越式发展，形成了区域循环经济产业链，海洋生态产业优质的社会服务功能逐步显现。

海洋生态文明示范区建设的初衷就是要汇集示范区的生态文明基因，通过加强示范区内的发展生产和保护生态的合作联动，以政府部门为主导，协调相关企业、公众集体参与，统筹协调发展海洋经济，促进区域经济社会全面进步。通过示范区的示范引领。实践经验表明，我国海洋生态文明示范区建设将继续以海洋生态环境保护和资源集约化利用为主线，以创新制度体系和提高科技水平为保障，以海洋生态经济集群建设为抓手，深耕蓝色经济产业布局，优化海洋资源科学配置，提高海洋综合管理水平，将各地海洋生态文明示范区做大做强，带动沿海地区海洋生态文明建设再上新高度。

5.1.4　海洋生态文明建设宏观规划作用初显

自海洋生态文明建设实施以来，国家层面的相关宏观规划得到了清晰的呈现，这在一定程度上也折射出了党和国家政府对新时期海洋生态文明建设的高度重视和政策指向。其中《关于加快推进生态文明建设的意见》强调，要加强海洋资源科学开发和生态环境保护。《中华人民共和国国民经济和社会发展第十四个五年规划和2035年远景目标纲要》第三十三章提出，要积极拓展蓝色经济空间，坚持陆海统筹、人海和谐、合作共赢，协同推进海洋生态保护、海洋经济发展和海洋权益维护，加快建设海洋强国。这些论述足以充分说明海洋事业发展在我国社会主义发展总体布局中的重要地位，将海洋经济发展与海洋生态文明建设联系在一起，进一步突出了海洋生态文明建设的重要性和紧迫性。

各地政府部门和人民群众判断中央施政方略和工作重点的主要依据就是国家战略决策和国家动员。从改革开放到当今的生态文明建设，都是国家通过政治决定和颁布宏观规划的形式，指引国家发展方向。这是改革开放40多年来党和政府主导国家发展模式的一种常态，是我国社会主义制度优越性和我党执政能力提高的充分体现。沿海地区在我国海洋生态文明宏观规划的目标指引下，不断发掘符合区域特点的建设新办法、新思路，在海洋生态经济发展、海洋产业优化升级、海洋生态环境保护和修复以及海洋生态意识推广等方面取得了阶段性成果。总体来看，呈现出国家层面统一决策部署和沿海各地区结合自身实际积极探索创新多样性并存的态势，顶层设计的宏观引领作用日益突出。海洋生态文明建设是海洋事业由顶层设计、全面统筹、不断完善、持续改进的理性发展过程。决策者准确把握时代发展趋势，针对过往忽视海洋生态环境的弊病，立足当前海洋生态情势，精心研究、探索出符合我国现阶段基本国情，推动实现经济、社会各领域的全面、协调、可持续发展的必经之路。沿海省市深刻解读和领会中央对海洋生态文明建设的总要求和总路线，准确把握新时期海洋事业发展的关键步骤，在改善区域海洋生态环境和推进海洋生态经济发展、提升公众海洋生态文明意识等方面做了大量实际工作。青岛市组织专业人员编制了《青岛市海域和海岸带保护利用规划》、《青岛市海岛保护规划》和《青岛市海洋功能区划》等地方性海洋生态规划，统筹协调区域海洋生态文明建设，助力山东半岛蓝色经济区发展。福建省出台文件，将市场机制引入围海造地工作中，加大对围海造地的扶持力度，进一步规范海洋开发活动和秩序，实现海洋生态文明。在区位优势突出的江浙地区，舟山依托其优越的自然禀赋，将海岛功能区划合理布局纳入重要议事日程，加强海洋环境综合治理，注重节能减排，严格环境准入，以海洋生态环境的改善助推示范区建设，取得了良好的经济效益和生态收益。在国家指导和区域示范的作用下，诸多海区适时调整，将海洋工作的重心从强化经济功能转移到关注文化发展层面，积极倡导和践行海洋生态文明道德观和价值观；积极推动海洋生态文化建设，引导人民群众海洋生态文明意识的觉醒和提升，推动生产、生活等实践活动的有序规范。厦门市在海洋诸多领域的发展均超过了国家海洋生态文明示范区建设的指标要求，在海洋生态文化建设领域投入力度较大，积极推动海洋生态理论研究，加大科技在海洋生态领域的贡献率，并不断强化海洋生态文化宣传和教育，推动海洋文化遗产保护工作。伴随中央及各级地方政府对海洋生态文明宣传力度的不断加大，公众的海洋生态文明意识也在不断提升。

在党中央的坚强领导下，地方各级政府不断将工作重心转移到改善民生、优化结构、修复生态上来，更加自觉将经济发展与保护生态环境结合起来，沿海地区更是将海洋生态文明建设作为创新驱动发展战略的重要保障，把海洋生态文明建设指标纳入政府、企业年终绩效考核，集中更多的精力和资源投入到海洋生态文明建设中来，在实践探索中不断完善海洋生态文明建设规划布局。

5.2　我国海洋生态文明建设面临的问题

近年来，我国在海洋生态文明建设方面投入了大量的人力、物力和财力，从科研、教育、产业发展和环境修复与保护等多个领域开展了大量的工作，取得了一定成效，但囿于历史和现实的多种复杂原因，我国海洋生态文明建设仍然任重道远。长期以来，人们专注于经济发展、生活水平的提高和物质财富的积累，生态文明建设并不能带来直观的经济效益，社会主体参与热情不高，公共宣传和海洋教育的缺失也导致社会层面的海洋生态文明意识并没有随着海洋经济的快速发展而同步提高。相较于蓬勃发展的实用科研领域，海洋生态文明领域的学术研究和实践探索跟不上时代发展的步伐，在科研投入和人才培养等方面都与先进国家有一定差距，近年来不断有专家学者呼吁增强海洋生态文明建设领域的研究力量，但总体上该领域的科研和投入比例较低，研究水平和成果受限。同时，传统经济产业规模大、范围广，其产业惯性导致优化升级阻力巨大，从业者对粗放型海洋经济发展带来的生态破坏置若罔闻，甚至在某些地区，经济发展往往建立在海洋资源的掠夺式开发和对海洋生态破坏的基础上，很多产业领域和地区只向海洋伸手，从未想到保护海洋生态环境以及节约海洋生态资源，海洋生态损害补偿机制等并未得到有效推行，粗放用海的成本远低于国际生态标准。海洋生态环境治理的统筹协调机制不完善，现代化的国家海洋管理体系尚未建成。海洋生态文明参建单位的主体多元化程度低，传统海洋管理部门一家之力难以支撑起海洋生态文明建设的全部职能，但地方政府在经济指标的压力下难以投入适当精力完成这一单项指标，民众、市场主体和非政府组织尚未形成主动参与海洋生态文明建设的合力。奖惩机制落实效果也不理想，市场化激励措施缺乏。财税体制没有建立类似日本、美国等适应海洋生态文明建设的支持体系，社会力量、国外资本的投资积极性也没有调动起来，海洋生态文明建设的经济基础需要进一步夯实。

5.2.1 污染物控制不达标 海洋环境压力趋紧

自 20 世纪 70 年代末开始，我国近海海洋环境状况不断恶化，海洋生态环境问题不论是在规模、类型还是结构、性质方面都发生了质的变化。资源、环境、灾害等问题已经成为我国经济社会发展的重大瓶颈。国家海洋局发布的《2022 年中国海洋生态环境状况公报》显示，我国海洋生态环境总体状况稳中趋好，主要包括海洋环境质量状况、海洋生态状况、主要入海污染源状况、主要入海区域环境状况。

依据《联合国海洋法公约》的规定，海洋环境污染是指"人类直接或者间接地将物质或能量引入海洋环境，其中包括河口湾，已经造成或可能造成损害生物资源或海洋生物、危害人类健康、妨碍包括捕鱼和海洋其他正当用途在内的各种海洋活动，损害海水使用质量和减损环境优美等有害影响"。

海洋污染物的来源主要包括陆源污染、海洋垃圾污染和突发事故、海洋灾害污染等。陆源污染长期以来一直是海洋环境污染的最主要原因。1990 年颁布实施的《中华人民共和国防止陆源污染物污染损害海洋环境管理条例》将陆源污染物界定为由陆地向海域排放的、造成或可能造成海洋环境污染的污染物。按照污染物的产生方式，可以将陆源污染分为农业污染、工业污染和居民生活污染三个部分。其中的农业污染带来的是大量有毒污染物，如农药、化学肥料、高分子合成聚合物以及氮、磷等植物营养物，通过地表径流进入海洋系统中。工业污染带来的主要是氯化物和砷、汞、铬、铅等重金属有毒污染物，它们广泛来源于石油化工、建材、塑料产品制造过程中排放出的污水、废渣，来源主要集中在东部沿海较发达地区。石油化工、火力发电、煤炭、造纸等产业在生产过程中会产生大量含放射性废物和有毒有害物质的工业废水，很多企业出于成本考虑，主观或者客观上无法上马完备的污水处理设施，所以绝大多数的污水会经由厂矿企业的排水系统排放到附近河流、湖泊中，经由地表径流汇入海洋。居民生活污染排出的塑料制品、纤维一类悬浮污染物和粪便、洗涤剂等生活污水可以加速近海水体富营养化，诱发赤潮、浒苔等海洋灾害。人类活动如游泳、潜水、水下养殖等和进食海产品的过程也会导致海洋被直接或者间接污染，进而对人体健康造成严重危害。沿海居民长期以来形成的生活垃圾不经处理就排污入海的生活习惯依然没有改观，每年数以万吨的生活垃圾直接倾倒入海，对海水、海岸以及海洋生物资源都造成了巨大的破坏。

人类活动造成的海洋突发事故主要集中在海上作业、远洋运输等活动，这类活动带来的主要是油类污染。在海上石油开采和船舶航行过程中发生的油污泄漏，会在海面形成油膜，阻止水面复氧，妨碍浮游生物的光合作用，使水体自净能力下降，水质恶化，进而造成该水域物种退化，生态失衡。原油泄漏还会对海鸟和鱼类造成危害，在长期缺氧环境下鱼类和贝类会呼吸困难直至窒息死亡，鸟类身体一旦附着有原油等污染物，不及时清理便无法飞行觅食，只能在水面饿死或者溺水死亡。被油类污染的水域，水产品会在短时间内变质、腐烂，其中多数会附着上有致癌作用的多环芳烃，失去其经济价值。以

2011年的"蓬莱19-3油田溢油事故"为例，此次事故中，由于肇事公司生产过程出现重大失误，导致大量的原油和含有有害物质的液体泄漏至渤海湾，极大污染了上述海域的海水和滩涂，水生生物大量死亡，海水养殖业蒙受巨大损失，海上运输、旅游等均受到不同程度影响，严重破坏了渤海湾地区的生产生活秩序。同理，2020年日本"若潮"号（Wakashio）触礁搁浅致使超过1000吨燃油泄漏，改变了原有的海洋生态环境，致使海洋生态系统遭受严重损害。由于石油的密度小于水，一旦泄漏会在海洋表面形成"天然的防护膜"，阻隔氧气在海水中的交换，浮游植物会因光合作用减弱而大面积减少；食物的减少以及环境的污染会对海洋鱼类的生存产生威胁，造成海洋鱼类大面积死亡，给海水养殖业带来直接经济损失。

海洋灾害包括赤潮、海冰、海啸、风暴潮和海浪等。其中赤潮的发生跟环境污染密切相关，对人类危害也相对较大，被称为"海洋癌症"。发生赤潮的海水较一般海水更加黏稠，不易清洗，含氧量降低，所经海域的渔业资源和生态环境破坏极其严重。目前，我国近海区域面临着富营养化问题，其直接后果就是以赤潮为代表的各类海洋灾害频繁发生。中华人民共和国生态环境部发布的《2022年中国海洋生态环境状况公报》显示，"2022年，中国海域共发现赤潮67次，累计面积约3328平方千米；四大海区中，东海海域发现赤潮次数最多且累计面积最大，分别为29次和1815平方千米"。[1]赤潮的发生，会给当地旅游、生态、养殖、环境保护、居民生活等造成严重干扰。赤潮不仅给海洋环境、海洋渔业和海洋养殖业造成严重危害，而且对人类健康甚至是生命安全都有很大影响。

---

① 生态环境部. 2022年中国海洋生态环境状况公报［EB/OL］.［2023-05-29］. https://www.mee.gov.cn/hjzl/sthjzk/jagb/202305/P020230529583634743092.pdf.

5.2.2　海洋资源开发过度 海洋生境退化加剧

长期以来，海洋资源的粗放开发是海洋开发领域存在的主要问题，大量的资源浪费也加剧了海洋生态系统的破坏程度，生物种群多样性连年减少，海洋生境退化现象日益突出。就现今而言，我国海洋资源开发利用中资源密集型和劳动密集型产业仍然占有重要位置，海洋资源利用方式较为粗放和单一，特别是一些资源型产业不同程度存在过度依赖资源甚至浪费海洋资源的现象。此外，涉海企业自主研发能力弱，高科技产业发展缓慢，产品附加值低，深海、远海资源开发能力有限，进一步加重近海海洋资源开发压力，海洋生态平衡破坏现象严重。随着人口数量的逐渐增长，群众对优质食物的需求在不断提高。我国居民膳食结构不断升级，海洋水产品需求日益增长，产量持续增加。我国海洋渔业产量一直稳居世界前列，这个数字还在不断提高。但目前的捕捞强度已经大大超过了生物资源的良性再生能力，种群交替明显，渔获物从数量和质量上都呈现出逐年下降的趋势。由此带来的海洋生物资源衰退愈发严重，海洋生物群体组成已经趋于低龄化、小型化，部分生物种群在近海地区绝迹。以大黄鱼为例，大黄鱼是我国重要的经济鱼类，与小黄鱼、带鱼、乌贼合称我国的"四大渔产"。中国是全球最大的黄鱼类品种捕捞国家。20 世纪 70 年代以前，大黄鱼具有明显的渔场和渔汛期，东海渔区最高年捕捞量为 16.81 万吨，由于对渔业资源的过度开发，20 世纪 70 年代以后，大黄鱼群体数量急剧下降，20 世纪 80 年代末 90 年代初，大黄鱼的年产量仅为 1 000 吨左右，几近灭绝。随着我国对于大黄鱼的过度捕捞，我国沿海大黄鱼渔业资源逐渐减少，虽然人工养殖面积和数量基本可以满足正常消费需求，但大量海洋生物资源的急速衰减已经破坏了区域食物链，对海洋生态特别是近海生态平衡造成了严重威胁。

海洋矿产资源既包括海底的矿产资源，也包括海水中的矿产资源，矿产资源的产出区域主要集中在海滨、海底和大洋地区。在我国，海洋矿产资源的开发利用起步于20世纪60年代，发展前景广阔，也逐步受到国家和全社会的广泛关注。但是目前，由于规模小、装备差、技术落后、资金不足等条件限制，我国仅对近海的石油、天然气等进行了部分开发，对大洋矿产资源的开发利用还处在起步阶段。比如2022年海洋油气业全年实现增加值2 724亿元，比上年增长7.2%，但却只在我国海洋生产总值中占有2.88%的份额，总体规模比较小；其次是科研能力和技术装备水平相对落后，选矿和开采还依赖土法和半机械化作业，机械化程度和矿物回收率都远低于世界发达国家。人类对深海区域的认识和利用还处于起步阶段，其具有潜在的巨大战略资源，对深海领域的开发利用是我国发展海洋事业的重要着力点和主攻方向。深海区域资源蕴藏丰富，包括多种稀有金属矿藏、海底热液硫化物、可燃冰、石油和天然气等。与世界上的海洋强国相比，中国目前的深海资源勘探、采挖、加工能力都有不小的差距。以石油和天然气为例，经过勘察，我国近海油气资源的80%蕴藏在深海区，这些被发现的资源量仅占到总资源量的不到30%；即使这样，能够得到有效开发的油气资源主要集中在300米以内的浅海区域，海洋油气资源利用率可见一斑。

海洋中丰富多样的海洋生物为人类源源不断地提供了食物、医药原料和旅游资源，也因为海洋生物的存在，使海洋具有了调节全球气候、净化空气、降解污染物等功能，成为地球上面积最大、最重要的生态系统。我国是世界上海洋生物多样性最为丰富的国家之一，迄今我国海洋生物共记录到28 000余种，约占世界已知海洋生物物种总数的11%。

这些生态瑰宝主要分布于近岸海域的红树林、珊瑚礁等区域，由于这些区域距离人类活动地区较近，因此也最容易受到人类活动的影响和破坏。长期的大规模人类工程活动对海洋生态系统及近海湿地产生了一定的影响。国家海洋局开展的专项调查显示，我国近海海洋状况堪忧，从 1950 年到 2000 年，中国累计丧失了 57% 的滨海湿地、73% 的红树林和 80% 的珊瑚礁，2/3 以上海岸遭受侵蚀。自 1970 年以来，特别是改革开放之后的 40 多年，我国的近海养殖业提高了沿海地区人民的整体收入，但也带来了大量的以海洋生态环境污染为主的负面影响。原因之一是在传统的海水养殖过程中，养殖物需要食用大量的人工饲料和饵料，但是投喂的饵料并不会完全被吸收食取，其中的一部分会成为沉积物或漂浮物存留在养殖水域，造成该区域水质污染。由于条件所限，绝大多数中小养殖户没有条件将海水净化处理，基本都是将受污染的海水直接排入附近海洋中，日积月累就会造成局部海域环境污染问题。发生赤潮的海域，不仅会导致鱼类大量死亡，还会造成巨量的经济损失以及无法估计的连带效应。《2022 年中国海洋生态环境状况公报》显示，2022 年春季、夏季、秋季三季监测的综合评价结果表明，劣四类水质面积比例平均为 8.9%。2022 年，开展了 24 个典型海洋生态系统健康状况监测，类型包括河口、海湾、滩涂湿地、珊瑚礁、红树林和海草床。监测的典型海洋生态系统中，7 个呈健康状态，17 个呈亚健康状态。[①]沿海区域工农业生产、房地产和石油化工等领域的开发也是造成我国滨海湿地面积日渐缩减的重要原因。沿海地区环境恶化，导致各类生物生存空间面积减少，候鸟、水生生物等的生存环境质量快速下降，部分依靠湿地栖息的珍稀动植物已难觅踪迹。例如，红树林曾广泛分布于我国的热带、亚热带陆地与海洋交界处的滩涂浅滩，它具有发达的根系，有强大的防风消

---

① 生态环境部. 2022 年中国海洋生态环境状况公报 [EB/OL]. [2024-03-15].
https://www.mee.gov.cn/hjzl/sthjzk/jagb/202305/P020230529583634743092.pdf.

浪、护岸保堤、净化海水的功能，是不可多得的物种最多样化的生态系统之一。从世界范围看，由于人类活动，全球红树林面积正在以每年1%~2%的速度下降。但是由于长期以来不合理的围海造地、人为砍伐等因素，从20世纪50年代至20世纪末，全国红树林面积减少了一半以上，现在仅存1.4万公顷，这个数字不足世界红树林面积的千分之一。海洋生物多样性水平下降，打破了现有的海洋生态平衡，致使原有的海洋生物链破坏甚至断裂，严重的会导致该生态系统内生物的栖息地减少，极端情况下会使海岸附近地貌发生巨大变化，水土流失严重，进而威胁沿海地区人类的生产生活。

海洋生态承载力是一个海域在维持自身生态平衡、环境健康有序的前提下，为人类社会提供各类海洋资源、提供海洋服务、助力经济社会发展的能力，是人海和谐发展的基础之一。海洋生态承载力具体包含了三个方面的内容，即海洋资源的维持、再生能力，海洋生境的平衡力和人类涉海活动的潜力。科学地了解、掌握一个海域的生态承载力是一个地区开发、利用海洋资源的前提。在生态承载力范围之内科学合理地利用海洋资源、发展海洋经济是人海和谐、科学用海的重要标准。随着沿海地区人口聚集规模不断增加，资源环境压力进一步加大，用海的规模与强度正在逐步扩大和提高，我国的海洋生态承载能力愈加不堪重负。我国沿海地区集中了全国70%以上的工业人口和基础设施，很多地区粗放式的海洋资源开发和无序、无度的污染物排放，是在完全无视海洋生态承载力的情况下进行的。在某些本身生态环境较为脆弱的地区，海洋生态承载力受全球气候变化、不合理开发活动等影响，已经退化至不适宜人类生存的境地。生物多样性的下降、海水富营养化等问题突出以及赤潮等海洋生态灾害频发，进一步削弱了这些地区的海洋生态承载力。海洋生态承载力的变化与人类活动形成恶性循环，导致部分海域的海洋生态承载力受损较重，而相应的海洋生态保护、科学规划等配套政策难以全面落实，导致我国的海洋生态承载能力水平正逐步下降。

5.2.3 海洋监管体系不完善 生态损害补偿不足

海洋生态管理制度是囊括了海洋生态功能区规划、海岸线保护与利用制度、海洋生态保护红线制度、污染物排放许可制度、海洋生态灾害应急制度和海洋生态法律法规等在内的一整套海洋生态宏观管控体系。

改革开放以来，我国的制度建设不断推进，取得了辉煌的成就，初步建成了具有中国特色的制度文明体系，但能够体现海洋生态文明理念的海洋生态管理制度体系还没有完善。我国海洋经济发展迅猛，国家海洋局发布的《中国海洋经济统计公报》显示："2022年全国海洋生产总值94 628亿元，比上年增长1.9%，占国内生产总值的比重为7.8%。"[①]海洋经济的快速崛起，带来了海洋生态环境和产业布局的不断变化。东部沿海地区对海洋空间的需求愈加迫切，临港工业区、新兴产业港口的建设对于海水养殖业和海洋生态保护区等用海需求造成较大压力，海洋环境污染和生态破坏等违法事件的发生导致用海者之间的利益冲突加剧。这些问题突出反映了目前我国在海洋空间资源配置上还缺乏配套的制度支持。与此同时，海洋生态管理与海洋经济发展之间没有形成良好的协调机制，在一定程度上制约了海洋经济的健康发展。涉海管理部门虽然比较多，但各部门之间、陆地管理与海洋管理之间的统筹协调机制并未完善，海洋生态管理与沿海区域发展综合决策缺乏实质性融合，海洋管理与流域管理、海域监管与土地监管、海洋执法与地方行政执法不能有效衔接。其次，海洋资源与

---

① 自然资源部海洋战略规划与经济司. 2022年中国海洋经济统计公报［EB/OL］.［2024-03-14］. https://www.gov.cn/lianbo/2023-04/14/content_5751417.htm.

海洋生态环境长期以来都被视为一种无价或极为低价的公共资源，相比较同质同量的陆地资源，"其获取成本几乎为零，远远低于其应有的社会成本，其与陆地资源一样都是稀缺和有限的特性被人忽视"。究其原因，无外乎海洋资源的有偿使用制度还不够健全和完善，海洋资源资产的产权还比较混乱，导致在实际经济运行中的海洋资源产权主体不明、权责不清、管理混乱，从而出现海洋资源被廉价出卖甚至浪费的公地悲剧。从海洋生态保护制度的基本原则来看，海洋生态保护红线制度、污染物排放许可等制度的不完善导致许多海域长期无序、无度、无偿的污染物排放，造成了严重的海洋生态破坏。长期以来，我国海洋生态监管由于缺乏权威性的海洋综合管理机构，政出多门，严重影响海洋资源的有序利用和对违法行为的惩罚。我国海洋生态环境相关制度不少，但由于没有建立起严厉的责任追究和赔偿制度，加之海洋生态监督和执法能力总体较弱，缺乏海洋督察等监管制度的有效监管。陆源污染是海洋污染的主要原因，在海洋环境保护中居核心地位，但对于陆源污染排放许可、总量控制、准入机制还很不健全，导致一些不法企业偷排、超排现象频发，超标污染物大量流入近岸海域，甚至造成严重海洋生态灾难，由于海洋生态管理制度的缺失未能追究其责任和履行赔偿义务。在全面依法治国深入人心的当下，要实现海洋生态文明的科学化、规范化建设，就必须从我国海洋生态文明建设的实际出发，制定一整套行之有效的制度"硬约束"，以刚性的制度约束和规范人的行为，实现海洋资源集约利用、海洋经济持续高效发展、海洋生态系统良性循环和社会保障系统健全完善的目标。

美国、日本、荷兰等海洋事务管理体系先进的国家都已经建立了适合本国体制的海洋生态损害补偿机制。实践证明，该机制是保障海洋生态环境健康发展的重要基础制度之一。通过建立和完善该机制，海洋生态保护的成本将实现合理分摊，无论是从海洋健康生态获取利好的个体，还是有损生态环境的建设者，都将承担相应的维护费用，从而确保生态环境建设的资金能够源源不断。另一方面，该机制的建立完善将使得每个参与环境保护的个体承担相应责任，激励和促进更多个体为生态环境保护作出应有贡献，从而保障海洋生态系统的健康和稳固。我国政府多年来为兼顾海洋资源开发和生态保护，颁布了一系列的行政法规，以构建一个保护海洋生态的法律屏障。虽然政策法规不断出台，但保护海洋生态的力度还远远不够。与之相配套的海洋产权体系、海洋生态损害赔偿责任制度和海洋生态损害补偿技术体系等都还没有完善，特别是专门针对海洋生态损害补偿的成套监督体制还没有建立。当前，海洋生态保障机制尚有诸多不足，比如制定政策法规的主体过于分散，各地尚未建立统一的联络和保障机制，也未能对资金的利用作出统一部署，这一系列尚未解决的问题致使海洋生态补偿机制所发挥的成效大打折扣。

5.2.4 绩效奖惩制度落实困难 评价指标体系缺位

改革开放以来，社会主义市场经济的成功经验告诉我们，没有适当的利益导向机制，没有被严格执行的奖惩制度，任何项目参与者的主动性和积极性都会极大地受损，事业的完成也将困难重重。在当前我国的海洋生态文明建设中，有关管理机构由于缺乏强有力的制度和物质资金等硬件条件支撑而难以采取有效措施，与之相关的绩效考评和奖惩机制未健全也是导致我国海洋生态文明建设困境的原因之一。同时，一些地区的奖惩机制缺乏长远考虑，只约束结果而不考察过程，让海洋生态文明建设绩效考评工作成为"迎检工程"，成果躺在文件夹里。倘若绩效评价只注重结果不重视过程，只比绝对值忽视相对值，无疑会导致马太效应，好的愈好，坏的愈坏。

首先，缺乏针对性的配套政策支持，导致不同地方对海洋生态文明建设认识不清，不少地区持观望态度。当前，我国海洋生态文明的建设主体还是地方政府，而地方政府的政绩考核很大程度上看的是经济指标，因此几乎所有的政府工作基本都围绕着经济建设来开展，实施海洋生态文明建设工程或多或少也掺杂了一定的功利性目的。目前看来，地方政府支持和促进海洋生态文明建设的主动性基本来源于三个方面：一是作为地方政府届内或年度工作主要成绩的有形载体。特别是在党中央不断强调生态文明建设的重要性的大环境下，地方政府很难对此项工作熟视无睹。二是作为对外展示海洋环境良好形象从而提高地方知名度的宣传手段，这是为招商引资和旅游项目开发所做的基础性工作。三是为完成上级政府下达的强制性指令，这种状态下的完成质量相对较差，纸面工作往往多于真抓实干。上述原动力均带有较强的行政色彩和口头奖励的特征，海洋生态文明建设多数情况下并不能为地方海洋工作带来成正比的实际优势，短期内甚至增加地方政府财政压力，有可能成为地方的行政负担和财政负担，长此以往不但将降低已开展相关工作的地方政府持续建设海洋生态文明的积极性，也会对尚未开展工作的地方带来消极影响。从长远看，制定和落实一系列奖励和惩罚措施，明确海洋生态环保项目和资金扶持向生态文明建设示范区倾斜等激励机制，对未能按时实现基础目标的地区和部门进行警告和适当处罚，是完善绩效考核机制的主要方向。

其次，海洋生态文明建设活动多呈现出"运动式推进"模式，海洋生态文明红利并未显现。以我国目前在建的海洋生态文明示范区为例，多数存在"运动式推进"的特征，通常是基本符合或接近考核要求的地方政府，通过短期内集中式、高负荷、高速度来完成创建达标。示范创建目标一旦实现或创建命名工作一旦完成，地方政府对海洋生态文明示范创建的相关投入将立即减少，长效机制很难稳定建立。虽然相关法规也规定了对已命名的海洋生态文明示范区实施 5 年一次的滚动复查，但其实质只是"运动式推进"的周期性、重复性工作，并非实现真正意义的长效机制。总而言之，缺乏持续激励机制使海洋生态文明建设在实际落实中不能收到长治久安的效果，甚至助长投机行为，使创建效果受到局限。

此外，在海洋生态文明建设过程中，科学的指标体系具有重要的意义。其目的在于准确、及时地对海洋生态文明建设水平进行评价、量化，有助于各级政府明确生态文明建设中政策调控和工程建设的重点方向，科学把控海洋生态文明建设进程。

我国的海洋生态文明建设评价指标体系还不够丰富，在对海洋生态文明建设的服务功能上还有所欠缺。目前，除了《国家生态文明建设试点示范区指标（试行）》《生态县、生态市、生态省建设指标（修订稿）》和在 2013 年国家发展改革委、财政部、国土资源部、水利部、农业部、国家林业局等六部委联合制定的《国家生态文明先行示范区建设方案》，以及国家海洋局制定的《海洋生态文明示范区建设指标体系（试行）》之外，国家层面的专门针对海洋生态文明建设领域的评价指标体系创建还没有取得实质性结果，相关研究机构、专家学者等提出的生态文明评价指标体系，虽然仍有部分研究报告具有较强的理论意义和实用价值，例如曹英志、袁红英等专家提出的海洋生态文明建设指标体系，但整体上不像各部委考评体系对区域发展具有十分明显的约束力，其应用范围与改进空间都受到了极大的限制。

当前部分地区和主管部门出台了一些评价指标体系，对工作水平、建设水平、绩效考评等具有一定的评测功能，但也有些设计不能因时因地作出调整，有些则目标、理念落后，无法适应时代发展，还有一部分指标僵化，无法普及使用。某些采取"一刀切"的刚性建设指标会降低创建活动的有效性，而差别化对待的柔性建设指标又容易因操作不当增加地区间的不公平程度。由于我国正处于快速城市化阶段，沿海不同地区所处发展阶段不同，特别是国家发布和实施了主体功能区规划，根据不同区域资源环境承载能力、现有开发密度和发展潜力划分了优化开发、重点开发、限制开发和禁止开发四类区域，其发展方向和发展任务殊异，海洋生态文明建设的重点、难点和发展目标也各不相同，若不考虑地方具体情况而以同样的评价指标和目标值加以约束，则显得刚性有余而柔性不足，增大了部分地区建设海洋生态文明的难度。

5.2.5　海洋生态文明建设国际交流合作欠缺

在全球海洋生态文明建设进程中，我国积极参与国际合作，在国际海洋环境合作原则的实施中也积极发挥着应有的作用，但是海洋环境的复杂性、国际社会不同国家间生态文明建设进程的不对等以及地缘政治等原因使我国在海洋生态文明建设的国际合作与交流也存在着诸多问题。

首先，目前我国还没有建立起专门负责海洋生态国际合作的常设机构，没有与周边国家协商形成一套统一的海洋环境保护体系，这对于海洋生态国际合作十分不利。另外，有些国家由于政治经济等原因影响在对海洋环境保护的认识上存在差异，交流平台受限；资金扶持力度不够、社会关注度低等问题也阻碍着我国海洋生态文明建设国际交流合作的进程。

其次，我国目前的相关机构和人员、科研力量与全面融合到国际合作与管理的客观需求还相差甚远。随着国际对海洋生态文明建设的重视程度不断加深，国际海洋生态组织的数量逐渐增多，分布越来越广泛，并且各组织的运作机制也在逐步完善、趋于复杂，涉及的问题越来越专业、精细，并越来越重视作出相关决议的科学依据。例如，日本除了作为正式成员国参加联合国环境署为保护海洋环境组织的14个全球区域海行动计划之一的西北太平洋行动计划、积极推动IMO（即国际海事组织）在国际范围内推行的海洋环境保护协定的达成之外，还做了大量的工作，如海上保安厅于1990年与美国海岸警备队缔结备忘录，内容包括互相交流相关防治海洋污染的信息，开发、探究人才交流的方式、途径等，定期互邀进修生了解学习海上防灾、海难救助的知识，并组织各种技术转让、召开专家会议；日本拥有由政府机构、科研单位、民间企业、渔业组织等多方组织协商合作的决策团队，在参与海洋生态文明建设国际合作的组织会议时往往会派出十几人组成的代表团，团队人员分别针对不同领域的专业问题有各自不同的分工。而我国往往只派出一到两个代表，这几个少数的代表却要面对众多的专业性的议题。因此无论是在一般性辩论交流还是在议案的提出和建立等关键环节都显得力不从心。

5.3 我国海洋生态文明建设面临问题的原因分析

我国近海及海岸带海洋生态系统为国民的生产和生活提供了大量的生态资源，有效缓解了我国经济社会发展的巨大压力，有力支撑了海洋经济的发展；抵御海洋灾害，维护海岸带区域生态安全，为沿海居民提供自然资源和生存环境的基本服务功能，是国家经济社会发展的重要基础和保障。目前，海岸带及近岸海洋生态系统在支撑沿海及海洋经济发展的同时，已成为我国开发与保护的矛盾焦点，承受着巨大的生态破坏和陆源污染压力，局部热点区域生态受损严重，可持续发展能力明显下降。因此，必须在加强产业结构调整和优化、强化陆源污染控制、减轻沿海及流域污染压力的同时，加大海洋生态保护建设工作力度，提高近岸海洋生态的环境净化能力、海洋生物多样性维护能力、海洋生态系统生产能力和环境灾害抵御能力，综合提升海岸带及近岸海域的生态安全防护能力，有力支撑我国经济社会持续发展。

建设海洋生态文明不能简单地理解为大力改善海洋生态环境，而是以海洋开发和海洋经济的繁荣发展来维护海洋自然环境的生态平衡，以海洋生态环境的良性循环促进海洋资源的综合利用和海洋经济的科学发展，两者相互独立又相互支撑，最终形成一个和谐共生的海洋生态文明系统。我国海洋生态系统具有明显的地域性特征，生态系统脆弱性比较明显，局部地区海洋生态退化和环境恶化的趋势加剧，海洋生态环境质量总体状况尚未得到有效改善。随着国家新一轮沿海地区发展战略的实施，我国海洋生态环境在未来的一段时期内依然面临严峻的形势，究其原因，撇开海洋生态系统自身的特殊性和复杂性，人类自身的生产生活是造成我国海洋生态文明困境的主要因素。

5.3.1　海洋文化体系落后 民众生态意识薄弱

自1994年《联合国海洋法公约》正式生效以来，世界各海洋国家纷纷制定相应的海洋发展战略，配套制定实施海洋教育的具体规划。美国在1995年就成立了旨在加速海洋学科发展、向公众传播海洋生态信息的"海洋研究与教育财团"。2004年，美国国会发布了《21世纪海洋蓝皮书》，阐述并强调海洋教育对于强化海洋环境意识、增强公众海洋认知、培养海洋科学家的重要性。同年，《美国海洋行动计划》提出对所有国民进行终身的海洋教育，强化民族的海洋意识；建立协作的海洋教育网，协调海洋教育；把研究和教育结合起来，在中小学教育中增加海洋教育，加强对高等教育和未来海洋工作力量的投资。2008年，日本颁布了《推进小学普及海洋教育建议》，旨在从小学阶段提高民众对海洋科学的认知和重视程度，依托学校教育推进国民海洋生态文明意识。

兴海强国，海洋教育是发展海洋事业的基础性工作。为实现我国海洋产业转型升级，科技创新是关键，基础在教育。民众海洋生态意识不会自主产生，在教育过程中植入海洋生态文明相关知识是普及国民海洋生态观念的最有效手段。目前看来，绝大多数国民都会接受九年义务教育，民众特别是内陆居民对海洋的最早认知基本来自于基础教育阶段的学习。这是提高大多数国民海洋意识和海洋生态观念最有力的抓手，相比美国等海洋教育先进国家，我国的海洋基础教育还未形成规模，大部分教育机构在义务教育阶段忽视海洋知识的普及与深入了解，全社会缺乏关注海洋、保护海洋的良好氛围。因此，基础教育阶段的海洋知识普及和海洋生态观念培养必须进一步加强。此外，多年以来，我国的海洋领域的知识普及主要依靠地理课程，随着教育体制改革，学校教育以升学考试为主要目的，地理课程由于其在升学考试中的占比较低，小升初考试不参与评分考试，导致地理、自然等课程在某些地区被削弱甚至放弃，这些地区的学生就无法通过课堂教育来学习和接收海洋知识，他们对于海洋知识也就是陌生的，海洋意识更是无从谈起。另外，不少省（区、市）在高考中实行文理分科，地理课程已不再是理科生的高考范围，迫于学习压力，学生的重视程度明显下降，有的学生甚至完全放弃了地理知识的学习。在高等教育阶段，海洋科学及其衍生学科的教育在教学、科研、学科、资金等各领域都需进一步加强。非海洋学科的学生基本完全涉及不到海洋知识的学习，其结果导致大多数的高校学生无法对海洋形成系统、完整的认知，海洋意识、海洋权益的普及等也更无从谈起。

目前我国的海洋生态教育现状并不乐观，海洋教育推广力度弱、普及范围窄、单位时间短和落实效果差是很多地区的普遍现象。在海洋教育人才培养方面，我国与发达国家、其他发展领域相比有一定差距，还无法满足现阶段我国海洋工作的实际需要，我国的海洋人才队伍还存在一定的短板，高层次海洋科技人才欠缺、海洋科技研发驱动力不足、海洋人才构成和配比不合理、高校海洋学科发展缓慢等问题还在一定程度上存在，制约着我国海洋事业的发展。产业政策导向往往局限在经济发展和资源利用等方面，政府、社会和媒体在引导全社会海洋意识发展方面缺乏长效、健全的宣传推广机制，教育机构的海洋基础教育如海洋历史、海洋法律、海洋生态保护等相关知识的普及工作没有形成统一、健全的系统。

从时间上看，我国自古以来就是一个传统的农业文明国家，农耕文化占据了历史长河中的绝大多数时间，对海洋及其衍生文明的关注往往被人们忽视。在漫长的历史发展过程中，"重农抑商"的统治思想逐渐成为统治阶级的主流意识，明朝之后的统治阶层为了维护自身统治地位，防止"倭寇""夷人"的骚扰侵略，后期还颁布了诸如"片板不准入海"等多次海禁政策。因此，海上贸易和海洋资源的开发利用长期受到统治阶级的压抑，只能在特定的区域内有限开展，难以发展壮大。近海渔民依海而生的开发活动受到生产力的影响而无法扩大规模，不具备形成区域文明的土壤。而在海洋开发没落甚至消失的背景下，没有了官方支持、文化基础和生存土壤，对海洋文化系统的研究也就无从谈起。因此在漫长的封建时期，在熠熠生辉的华夏文明史册上很难看得到国人对海洋和其背后的海洋文明的关注，寥寥数笔的海洋文献也仅仅局限在使臣朝贺、进贡体系和近代以来迫于无奈的边贸体系，至于曾经彪炳史册的徐福东渡，到目前史料较少，难以研究，郑和下西洋的航海成就举世瞩目，但远洋航行目的本身不具有开拓精神，仍然可以看作大陆文明向其周边国家的示威与托大，在世界航海史上也是昙花一现。在建设现代化特别是改革开放以后，民众及政府对经济指标的追求被忽然放大到前所未有的高度，人们追逐经济利益的热情远远超过了历史上任何一个时期，这是中国人民的"大航海"时代，人们的目光才逐步投向了蔚蓝的万里海疆和遥远的大洋。这一时期的主要课题是通过对海洋资源的粗放式的开发利用来满足人们对经济指标的追求。这个过程中的海洋资源开发也带来了前所未有的一些难题，比如片面追逐经济利益而放松生态环境建设等。尽管已经有部分学者指出了海洋生态建设的重要性，但是多数人还是没有建立起海洋生态文明意识。

从空间上看，我国幅员辽阔，是海陆兼备的国家。不过农业社会的生产力及生产方式决定了大部分人口居住在以大江大河为中心发散出来的平原地区，依海而居的人口数量非常有限，从事跟海洋相关的经济活动也主要是以满足日常生活为主的近海捕鱼业和养殖业。近代封建统治者普遍"重陆轻海"，甚至将海民异化等同于边民，视其为"化外之地"，一些海区渔民"民风彪悍，若倭盗无异"，统治阶级重农思想也严重制约了对海洋的探索和开发。尽管海洋领土面积广阔，却很少得到统治阶层和劳动人民的重视。随着农耕文明的不断发展，自给自足的农业社会形态逐渐固化，深受传统儒家思想影响的国人很难像西方的开拓者那样扬帆远航，探索海洋，致使中国人对海洋的认识仅仅停留在近海海域以及最初级的捕捞业、养殖业等，没有形成系统的海洋文明形态的基本条件。近代以来中华民族饱受列强欺侮，沿海地区更是民生凋敝，百业不兴。在世界范围导致我国海洋生态文明建设起步晚、发展慢。针对我国自身海洋生态环境建设和污染治理方面的问题，只能亦步亦趋，借鉴国外的理念和技术，不断加以提高。

5.3.2 产业结构参差不齐 生态资源集约利用难

要实现生态环境的修复、向好,首先应实现生态资源的集约化利用,在保证一定程度人类生产生活水平的同时最大限度地维系原生海洋生态的平衡,保障海洋生态资源的自然恢复能力。而要达到生态资源集约化利用的目标,产业结构的优化则是必经之路,只有实现产业结构的现代化、生态化,才能摆脱对海洋生态资源的严重依赖,才能大幅度提高单位资源环境的利用率,实现经济发展与生态和谐的崭新局面。自新中国成立以来,我国海洋产业经历了重大的发展与变革,在海洋石油钻探、海产品养殖捕捞等领域都取得了骄人成绩。不过从整体上看,粗放利用、低效开发、直接排放等方法一直是我国海洋资源开发利用的主要方式。海洋产业规模虽然逐年提高,总量不断加大,但主要还是以传统海水养殖业和捕捞业为主。房地产业的飞速发展,造就了近岸海域围填海规模不断扩大,海洋面积特别是近海海域面积进一步萎缩、退化。在满足工业化、城镇化快速发展对海洋资源与海洋环境的需求的同时,保障海洋生态安全也面临诸多问题和严峻挑战。钢铁、石油、化工等行业向沿海地区集中,我国海洋产业结构"轻量化"改革势在必行。强化落实供给侧结构性改革目标、优化产业布局,发展集约型海洋经济架构,才能逐步实现我国海洋生态文明建设目标。

我国现阶段海洋经济发展还是以资源密集型和人口密集型为主,海洋产业结构亟待改善。按照我国目前执行的产业分类标准,海洋产业可以分为三个层次,即以海洋捕捞和海水养殖为主的第一产业,以海底矿产加工、海底石油及天然气开采和海盐生产为主的第二产业和以近海观光旅游、海上运输和各类海洋服务为主的第三产业。各产业部门之间的比例构成显示了我国目前的海洋经济发展状况,也反映了海洋经济的发展模式。三种产业相互依存，相互影响，其中的海洋第三产业由于其产业水平高、附加值比重大，因此当生产力水平发展到一定阶段时，第三产业会异军突起，短时间内赶上甚至超过第一、二产业，成为最大产业的同时还能带动前两个产业的发展。海洋第三产业具有起点高、污染少、产品附加值高等特点，是海洋生态文明建设的支柱性产业，使得世界各国都将海洋第三产业在海洋经济总值中的比重看得尤为重要。

总体而言，我国海洋第三产业近年发展态势良好，占比不断提升。但在目前还呈现出产业比例不科学、地区发展不均衡、高端人才匮乏等迹象。第三产业中相对环保、节能的海洋旅游业、海洋运输业占比不高，高新技术如海洋生物制药等相比日本、美国等发达国家不仅科技水平低，总量也相对落后。部分地区片面追求第三产业所占比重，盲目上马甚至重复建设，市场调查不充分，没有发挥出区位优势，导致空间资源利用率较低。海洋服务业和信息产业的投入和发展不足，"服务型"海洋经济发展起步晚，模式尚未健全。大部分海洋产业从业人员综合素质不高，高科技人才短缺，行业分布不平衡，特别是海洋第三产业创新型人才匮乏。随着海洋第一、二产业占比减少，转移出大量从业人员，最好的解决办法是通过培训、教育让这些人进入到相对熟悉的第三产业中，但受技术、经验等因素制约，大部分富余劳动者难以在海洋第三产业就业。而海洋新兴产业因门槛较高，又存在着寻找不到合适劳动力的困境。

在海洋经济发展过程中，必须依靠新兴科技产业引领未来。资源消耗型、人力密集型产业无法作为产业支撑而长期存在。海洋高新技术产业化是海洋国家的主要战略方向。高端海洋产业对其他海洋产业能起到巨大带动作用，同时创造大量就业岗位。海洋高新产业的发展需要大量的资金支持、政策扶持和信息支持。我国海洋高新技术及其产业发展无论是与其他发达国家相比，还是与我国其他产业相比，都处于比较落后的位置。目前我国海洋高科技产业的现状是新兴产业起步比较晚，发展相对缓慢，缺乏整体、合理的布局。科技成果转化率较低，产业体系不健全，地区联动缺失；大部分产业科技含量低，资金投入不足，资源消耗大。《2022年中国海洋经济统计公报》显示，海洋电力业、海洋药物和生物制品业、海水淡化等海洋新兴产业继续保持较快增长势头。但经济总量还不到海洋产业增加值的4%。调整并优化海洋产业结构，提高海洋产业从业人员素质，增加海洋科技资金投入，提升海洋产业整体水平是加快海洋产业升级迫在眉睫的任务。

5.3.3 科技创新与应用不足 金融服务功能失位

海洋科技是发展海洋生产力的重要手段，也是建设海洋生态文明的重要支撑。我国是海洋大国，但距离海洋科技强国还有一定的距离。我国的海洋科技创新工作起步较晚，内生动力不足，落后于世界主要海洋科技强国。海洋科技领先的美国，早在上世纪中叶就开始了以《1995—2005年海洋战略发展规划》等为蓝本的海洋科技发展计划，培养了大量海洋科技人才。邻国日本在战后的废墟上感到海洋科技发展的重要性，在上世纪60年代制定了《深海钻探计划》，以期在深远海资源开发、远洋航海和海洋新能源利用等研究领域占据科技高地，后续又在20世纪末制定《海洋高技术产业发展规划》，有针对性地全面提升国家海洋科技水平，仅用几十年便成为亚洲第一、世界领先的海洋高科技强国。目前我国海洋科技对海洋产业的贡献率与发达国家相比还有一定差距，在海洋生态文明领域与美国、日本等发达国家的科研水平差距更为明显。海洋科技能力落后的根本原因就在于一段时期以来，产业政策扶持力度弱，高校等科研机构无力开展海洋科技研发。同时，相关领域高精尖技术人才匮乏，导致科技创新能力较弱。而且技术装备陈旧落后，大部分海洋仪器设备依赖进口，在深海资源勘探和环境观测等许多方面，科学研究水平还有待提高。受海洋科技水平的限制，我国海洋生态文明建设面临诸多困难与挑战。例如，由于海洋观测能力不足，近海生态与环境恶化的趋势未得到有效遏制；海洋生物资源可持续利用科技支撑基础十分薄弱等，严重制约我国海洋生态文明建设的进程。

强大的资金支持是建设海洋生态文明的重要保障。美国在2000年就提出了强有力的经费保障是实施新的国家海洋政策的关键，通过加大财政拨款，推动海洋循环经济发展。在海洋保险制度方面，美国将海洋环境污染责任保险纳入工程保险，任何开发企业若没有投保该险种就无法取得工程合同，政府通过这种保险措施实现了减少海洋污染的目标。日本的做法则更为直接，除了增加对海洋生态产业的信贷、资金投入，还以减税等形式扶持新兴海洋生态产业发展，在银行利率等领域也给予海洋产业优惠政策，加速海洋生态文明进程。近年来，我国中央财政逐步引导和调动社会投资进入海洋生态领域，反响积极，国外投资也在逐步加入，但在银行、信贷和保险体系中，对于海洋生态文明建设的金融支持体系尚未完善，风险投资等新兴产业支持体系涉及海洋生态产业发展较少，海洋生态科研领域的资金扶持相对传统海洋产业也并未有突出优势，总体上看，海洋生态文明建设的金融扶持力度有待加大。

5.3.4 法律法规不完善 现代化管理体系未健全

不以规矩，不成方圆。海洋生态制度文明的建设，需要完善的法律法规、严格的执法体系和严肃的司法监督等步骤。从世界范围来看，多数沿海发达国家基本都建立了专门的海洋管理协调机构来管理海洋活动，并通过建立健全法律法规保障各国海洋权益不受侵犯和海洋生态不被破坏。

目前，我国的海洋法律法规与政策规范体系已初步建立，比如《中华人民共和国海洋环境保护法》《中华人民共和国海域使用管理法》《中华人民共和国海岛保护法》等。但现有法律法规大多数是针对某一领域或某一行业所制定。在涉及海洋生态领域的管理、执法过程中，综合性海洋生态法律的缺失与部门之间协调机制的不健全更为突出。我国在新中国成立初期就建立了专门负责海洋工作的国家海洋局。但由于国情、地缘政治、时代局限等原因，国家海洋局的工作重心很难围绕海洋生态建设等方面展开。而且海洋的管理是一项复杂的系统工程，呈现出整体化、复合化、立体化、专业化等趋势，靠一个或者几个部门的监管往往事倍功半。特别是我国海域宽广，海岸线绵长，建立高层协调管控机制、健全法律法规需要靠中央政府，而资源开发、科技创新、生态建设等方面的监管很大程度上是依靠各个行业主管部门和地方政府。国家层面的海洋法律法规成果斐然，但与日本、澳大利亚等国相比，我国的海洋立法工作还比较落后。对于大力发展海洋产业，建设海洋强国的目标来说还远远不够。从立法与执法的实践经验来看，目前，我国现行的海洋法律体系基本是在行业法规的基础上发展演化而来，系统性不强，法律体系不完整，适用层级也较低。尤其是目前还没有类似《海洋基本法》那样的龙头法律来规范和引导海洋法律法规实现系统化、整体化。推动"海洋入宪"已刻不容缓。在具体法律法规制定中，现有的关于海洋的法律也不够丰富，法律体系尚未健全，海洋生态管理法治基础薄弱的状况还未得到明显改善。

建立和执行符合海洋生态规律和可持续发展理念的现代化海洋综合管理体系是当前世界主要海洋事务发达国家的主流趋势。这种理念支持下的海洋综合管理基于生态系统的自然属性，集合了海洋空间规划与布局、海洋生态环境保护与修复、海洋资源利用管理、海洋监察执法管理和海洋公共事务服务等多种职能于一体。我国作为一个海洋大国，近年来随着国家发展和人民生活水平的不断提高，对海洋的依赖程度日益加深，与海洋生态的联系日趋紧密，海洋以前所未有的强度和广度影响着我国经济社会的各个方面。近年来，我国的海洋事业得到快速发展，海洋为我国经济和社会发展作出了重要的贡献，与此同时，海洋经济粗放式发展、海洋资源过度开发和海洋生态环境恶化等问题也接踵而至。究其原因，很大程度上归咎于我国目前仍主要依靠传统的海洋主管部门来监督管理海洋事务。随着产业社会不断进步，海洋事务呈现出前所未有的多样性、复杂性，传统海洋管理模式已经显露出疲态。因此，立足海洋的整体和长远利益，借鉴国外先进成熟的管理经验，建立符合我国国情海情的现代化综合管理体系刻不容缓。基于生态系统自身发展规律的海洋综合管理，按照海洋自身的客观规律，利用法律、行政和经济手段，促进海洋资源的持续利用，促进海洋生态系统的平衡与健康，以达到科学开发利用海洋资源、促进沿海地区经济可持续发展和社会和谐稳定的目的，它是我国开展海洋生态文明建设和建设现代化海洋强国的必然选择。

5.3.5 利益导向机制不明确 市场调控手段缺失

在社会主义市场经济条件下，没有适当的经济杠杆作为奖励和惩罚措施，任何先进的文明制度都不可能单纯依靠民众和经济活动参与者的自我约束而顺利施行。海洋生态文明建设的健康发展，除了顶层设计依赖政府规划制定外，在实际的操作中，则主要依靠市场和社会力量具体落实，因此，必须利用经济政策和具体奖惩措施适当干预，规范涉海企业的生产排放活动，同时以优惠的财税制度吸引环保产业聚集，强化健全各类利益导向机制，更好促进海洋生态文明建设。

　　首先，宏观调控和市场规律作用是调控我国一切经济行为的主要抓手，缺一不可。统一的行业环境保护准入标准是调整市场行为的最重要的措施之一。在利益趋向明显的经济活动中，放任用海者为所欲为的结果必然是生态环境和海洋资源的灾难。当前，实际生产过程中，厂家的环境违法成本远低于获取利益的成本，这就给生产者带来了巨大的利益诱惑，使之漠视法律，损害生态。因此，加强制度监管，提高准入门槛，严格违法成本，是政府应当首先考虑的措施之一。以制度规范用海者行为，让不规范企业在进入市场之前就退出竞争，对于那些没有获得政府批准的在建项目，政府一定要严格监管，实时监督，确保企业的各项生产过程符合生态标准要求。其次，财税制度没有体现海洋生态倾斜的力度。政府作为治理社会经济和生态环境的法定部门，其有责任和义务加大生态环境的监管和治理力度。在税收环节，美国和加拿大等国都建立了旨在鼓励环保企业和惩罚生态破坏行为的"绿色税种"，并监督和确保该项税收用于治理生态环境和修复生态系统，并每年保持合理的税收增长幅度，直到将生态破坏行为和企业的数量降低至合理区间。当前，政府要进一步梳理和整合用于环保和生态建设方面的资金，建立统一调配制度，提高资金的利用率。政府还要鼓励和引导发展循环经济，对落后产能制定退出机制，对新建项目和企业进行环保审查，推动节能减排有序进行。对于环保企业和节能生产厂家，适当运用补贴的方式来鼓励其继续坚持和发展环保项目。对于政府部门和事业单位的公共采购，政府要优先选择符合环保标准的生产厂家，采购的商品必须拥有环境和节能标志，做好表率作用。最后，金融、保险和信贷领域对海洋生态文明建设辅助不力。对于多数企业来说，银行、信贷机构是经济活动的重要推手，甚至是不少企业的"造血工厂"，现代化企业的运行缺少了金融服务将举步维艰。以市场经济手段规范企业行为，政府应当利用目前我国主要金融机构的控制地位，对各金融机构下发通知，鼓励和支持对清洁生产厂家提供信贷服务，加强"生态信用"体系建设，从金融层面切实保障生态文明建设。对于不符合环境保护标准的企业，各金融机构应当不提供或限制信贷规模，并逐步停止对其的信贷支持。在企业信用评价中，适当提高高污染企业的评价标准，合理放宽清洁生产厂家信用评级，并在利率方面区别对待。另外，建立健全信贷担保体系，对于符合环保要求的企业，保险公司可以开发建立绿色保险项目，保障企业在绿色生产方面的经济利益。此外，对于想要上市融资的公司企业，政府要优先考虑环保企业，并可通过多种资本运作方式来筹措资金，扩大生产。建立专项的生态支持资金，引导和拓宽绿色企业的融资渠道，并鼓励各市场参与者积极投资生态产业，切实保障生态文明建设发展。

5.3.6　海洋利益纷争不断 掣肘生态国际合作

海洋生态文明的国际合作是指在海洋生态文明建设的范围领域内，主权国家以及其他国际法主体为了达到保护海洋生物资源、持续开发利用海洋资源、确保海上航道安全畅通等目的，直接或者通过相关国际组织进行的一种全球性或者区域性的活动。我国政府在1992年批准建立了中国环境与发展国际合作委员会，该合作委员会是一个国际高级咨询机构，主席由国务院领导担任，委员包括国务院各相关部委的部长或副部长、国内外相关领域的知名学者以及其他国家、国际组织的相关领导。该机构为维护我国海洋生态环境和开展国际合作交流活动起到了重要作用。但经过不断发展，我国的海洋生态状况已经发生了很大变化，面临的生态压力也略有不同。

首先，我国国内生态状况和海洋生态安全水平还需进一步改善，海洋环境污染现象时有发生，经济利益与海洋生态保护之间存在矛盾冲突。而海洋生态科技研发能力、资金以及人员等因素的制约等，在一定程度上都严重影响了我国在国际社会中尤其是在国际社会生态领域中的形象，这在客观上制约了我国参与国际合作的能力。

其次，由于我国技术、资金、人员以及信息的缺乏，影响了我国参与海洋生态文明建设国际合作的能力。目前，以美国、加拿大等为首的西方发达国家仍然是海洋生态文明建设领域国际合作的主力军和领导者，海洋国际合作也主要体现了发达国家的意志，代表了发达国家的主张。尽管在合作的同时都要强调保护发展中国家的利益，但发展中国家往往由于在海洋生态领域相关技术、资金、人员以及信息收集等方面的缺乏，以及对海洋生态文明国际合作的一些国际组织的组织规则把握不到位，几乎没有实质性的发言权。

最后，波谲云诡的国际海洋权益纷争也时刻影响着我国海洋生态国际合作与交流的进程。随着人口的增长和陆地资源的短缺，世界各国都将更多的目光投入到海洋资源的开发利用上。尤其是在《联合国海洋法公约》颁布生效之后，所有的海洋国家都开始对世界海域的划界问题进行了广泛的关注和深入的研究，希望尽可能地争取到更广阔的海域面积，从而获取更多的海洋资源。我国管辖的海洋面积之大、海岸线之长、拥有的岛屿之多，使得我国与周边国家的海洋权益纠纷繁杂，冲突不断。与周边国家的海洋争议集中在黄海、东海和南海上，在海域的划界和主权的维护上，我国与周边的海洋国家都有一定的矛盾和纠纷，这些矛盾和冲突严重影响了我国海洋生态文明建设的开展，阻碍了我国国际合作的进程，对我国在海洋生态国际合作的进一步发展构成了障碍。

当前，我国政府和国际社会保护海洋环境、重视海洋生态文明的意识日益增强，对海洋生态文明建设重要性的认识不断提高。由此带来了海洋生态国际合作的契机。然而，国际社会和各沿海国家重视海洋环境保护工作并未真正阻止海洋环境的恶化，重要原因是海洋作为一个互动的整体，各国必须通力合作才能更有效解决海洋问题。随着共建"一带一路"倡议的不断实施，沿线各国在海洋生态法律与实践上的合作变得更为现实。国际合作是多方面的，人员的交流往来、法律体系的完善、合作机构的建设、分歧争议的管控、解决纠纷渠道的拓宽及公众参与度的提高，全方位推进才能实现海洋生态文明建设国际合作与交流的顺利开展。

6

我国海洋生态文明建设对策

全面准确把握新时代的社会发展趋势，确保中国特色社会主义事业的持续健康发展，要继续坚持把生态文明建设放在同经济建设、政治建设、文化建设、社会建设同样的高度，坚持"五位一体"协同推进。2023年，在第三届"一带一路"国际合作高峰论坛主旨演讲中，习近平总书记指出："我们追求的，不是中国独善其身的现代化，而是期待同广大发展中国家在内的各国一道，共同实现现代化。"这是中国共产党治国理念的成熟与完善，是以习近平同志为核心的党中央站在人类长远发展的战略高度，审时度势、高屋建瓴地作出的重要决策部署。海洋生态文明建设是一项长期任务、系统工程，同时也是一项需要主体明确、设计合理、奖惩有据、真抓实干的实践工程。需要全社会同心协力、共襄盛举。要加大科研教育投入，提高公民海洋生态文明意识；以科技创新为先导，加快海洋产业升级改造，提升海洋对我国经济社会可持续发展的保障能力；同时加大金融、政策扶持力度，提高海洋资源开发利用水平、提高海洋环境质量，以推进供给侧结构性改革为动力源泉，推动生产、发展、供给、消费模式转型升级，实现海洋生态资源集约利用与海洋生态环境有效保护的良性发展机制；要不断促进我国与世界先进海洋国家的合作与交流，提高我国海洋生态管理体系的现代化水平；加快以蓝碳产业为代表的新兴海洋生态产业布局和加快海洋立法步伐，力争在海洋环境修复与生态保护上取得新成效，在促进海洋经济发展方式转变和海洋生态文明建设成效上取得新突破。

6.1　发展海洋教育 强化全民海洋意识

"生态文明建设的核心是实现人与自然的关系从'人统治自然'到'人与自然的协调发展'的进化。它强调人的自觉与自律，强调人与自然环境的相互依存、互相促进、共融和谐。"①科学合理地利用海洋资源、发展海洋事业，需要把增强全社会海洋生态文明理念渗透到人类的生产生活之中，使之成为民众的自觉行为，通过海洋文化和海洋生态教育，丰富全民族的生态文明意识，从而实现我国全面推进新时代海洋事业的伟大实践。

6.1.1　加强海洋教育和人才培养

美国在20世纪就提出了"教育是未来的基础"的口号，推进公民海洋教育并将"终生教育"作为提高公民海洋意识的国家政策。日本也以学校教育为基础，通过各种渠道，加强对国民的海洋知识宣传，借以提高全体国民的海洋意识，普及海洋科学知识；更在《海洋基本法》等法律中规定了学校和社会对于国民海洋教育的责任。日本全方位、一体化地推行海洋教育夯实了海洋生态文明建设的思想基础和人力基础，有利于海洋的可持续发展。为了有效实施积极的海洋政策，应进一步提高人民群众对海洋生态文明的认识，以学校教育为主，加强对海洋生态相关知识的宣传和引导，提高全体民众对海洋知识的了解程度。

全面建设海洋生态文明其依靠力量绝非政府或者某一社会组织抑或特定人群，而应当借助全社会各方力量共襄盛举。可以从学校教育、社会教育和媒体宣传等多方面推进海洋生态文明教育。在学校教育方面，高等教育可以以环境科学、海洋环境保护等角度为支柱，进行海洋相关科研教育工作，加大涉海高校在海洋开发利用、海洋生态环境等方面的投入力度，引导涉海高校引领海洋持续有效发展之路，培育新型海洋科学技术人才；中小学教育

---

① 王丹. 马克思主义生态自然观研究［M］. 大连：大连海事大学出版社，2014：193.

中可以将海洋基础教育内容列入学校义务教育，增加海洋生态文明教育相关课程，改进儿童对海洋自然环境体验不足的状况，完善并普及海洋教育，营造良好的学习氛围，拓展海洋教育的师资力量；在社会教育方面，通过民间团体的引领带动，可以教育引导社会各界民众积极主动地了解掌握海洋知识，从重陆轻海的传统观念中解放出来，培育海洋意识，学习海洋文化，树立海洋生态文明理念，树立全社会关心海洋、爱护海洋、保护海洋的新风尚。学校教育是教育的主阵地，其次是社会组织如博物馆、科技馆等，可以举办参观相关活动，更多地体现海洋生态保护、海洋资源利用等内容，让大部分人都能有机会近距离接触和了解海洋知识、关注海洋动态、重视海洋生态。为了有效实施积极的海洋政策，需要不断提高人民群众对海洋生态文明的认知和把握，以学校教育为主，加强对海洋生态相关知识的宣传和引导，提高全体民众对海洋知识的了解程度。新闻媒体作为最重要的信息传播机构，是最为直接有效、覆盖面最广的舆论导向平台，在海洋生态文明建设中的作用举足轻重。应当利用微博、微信等社交平台在网络和平面媒体发布关于海洋知识的节目和艺术作品，形成全社会都在关心海洋的舆论氛围，搭建信息时代的海洋教育平台，让公民随时随地接受先进海洋生态知识。海洋生态文明建设是一项复杂的系统工程，政府必然要在其中发挥至关重要的顶层引领作用。中国的海洋教育近年来逐步为国家所重视，各类规范海洋教育的法律法规不断出台，例如《全国海洋人才发展中长期规划纲要》《国家中长期教育改革和发展规划纲要（2010—2020年）》等；各级地方政府也加大了海洋教育方面的投入，环渤海地区的山东省和辽宁省出台了诸如《山东半岛蓝色经济区发展规划》《山东省中长期教育改革和发展规划纲要（2010—2020年）》《辽宁省海洋环境保护办法》等法规，规范和督促海洋教育发展。珠三角和长三角地区的广东、浙江、江苏等省份也出台了层级不同、类别各异的有关海洋教育发展的规范和纲要，对中国海洋教育的正规化、科学化起到了积极的引导作用。

高素质的人才是做好科技兴海工作的关键。应建设国家海洋科技人才库，为海洋生态文明建设提供软实力保障。部分高校要整合一部分优秀教育资源，开设门类齐全、面向未来、系统全面的海洋学科，培养一批热爱海洋事业、勤于科学研究的技能型人才，还要培养一批精于海洋发展规划、海洋生态保护和海洋资源开发的专门型海洋管理专家。针对建设海洋科技强国对各类人才的紧迫需求，根据海洋发展的战略思路，建立海洋科技人员的学术交流制度，通过海外人才引进、派遣出国留学、国内重点科研教学机构培养等多种渠道，实现科技人员的交换和流动；充分利用涉海企业、高校和海洋科研部门的智力资源优势，加强海洋管理技术人才的专业素养培训和继续教育，不断提升研究开发水平。

要加强与海洋强国之间的人才交流。邻国日本曾经在2002年一年的时间内向其他国家派出学者11.6万人，以交流、考察各国海洋科技情况，为本国海洋科技发展提供大量科技信息。涉海地区各级政府应出台适当的人才培养和引进政策，建立健全多元化海洋高精尖人才发展机制，设立专项基金奖励尖端人才，使全社会形成聚力海洋发展，尊重海洋人才，重视海洋生态的社会风气。要着力加强海洋科技创新人才队伍建设，形成由海洋科技创新人才、海洋业务专业人才、海洋科技产业人才和海洋科技管理人才相结合的专业结构完善、年龄结构合理的高素质海洋科技队伍，为我国海洋产业发展提供强有力的智力支撑。

6.1.2 促进海洋文化建设

人类起源于海洋，海洋是人类文化的发祥地。海洋文化是以海洋为生存背景而形成的文化形态，是人类在认识、开发、利用海洋的社会实践过程中，形成的物质成果和精神成果的总和。文化的力量是巨大的，作为整个人类文化体系的重要组成部分，强有力的海洋生态文化体系可以使民众正确认知赖以生存的海洋环境，引导社会大众形成科学、文明的价值取向和良好的行为规范，通过自身形成的价值取向和规范标准，约束全社会的生产和生活。海洋将成为国际竞争的制高点，人类社会的进步将更多地依赖海洋。海洋文化建设是应对激烈的国际竞争、拓展海洋生存空间的文化基础，是转变发展观念、提高文明素质的必然选择。

（1）加强海洋文化研究和创新

我国是海洋大国，拥有源远流长的海洋历史，形成了具有中国特色的海洋文化。但由于近代闭关锁国政策的影响和帝国主义国家对中国海洋军事和海上贸易的压制，导致我国海洋经济发展长期处于停滞状态，海洋文化也日渐衰退。农业文化、大陆文化是主流思想，海洋意识得不到应有的重视，错失了海洋经济、海洋文化发展的重大机遇，制约了中国海洋文化的传承和创新。

海洋文化的繁荣对一个国家的发展至关重要，进入21世纪，面对资源、空间、环境难题，走向海洋成为历史发展不可逆转的潮流。发展海洋文化，重振海洋文明是中华民族生存发展的战略基点。海洋文化的传承和发展，需要不断地分析、研究和创新。中国海洋文化是中华文明自我更新和完善的重要力量。我们在考察海洋历史文化的过程中，应该不断把传统海洋文化的积极因素提炼出来，与现实海洋实践活动相结合，推动海洋文化体系的完善。要把弘扬海洋文化作为弘扬中华传统文化的重要组成部分，通过海洋文化的繁荣推动海洋强国建设。不断扩大海洋文化影响力，丰富和充实中华传统文化。

随着我国海洋强国战略的提出，海洋综合实力的提升离不开海洋文化的支撑。要深入研究海洋文化，建立具有中国特色的海洋文化体系。要注重研究海洋文化的产生和发展，研究海洋文化的特点和内涵，推动文化体系的提升和完善。

（2）加强海洋文化交流与合作

海洋文化本身具有开放性和包容性，这要求我们需要不断发挥主观能动性，积极运用这一优势，加强海洋文化的交流与合作，推动海洋文化的优势互补和整体提升，实现具有中国特色的海洋文化不断走向世界。

一是加强国内海洋文化的交流与合作。地域性是海洋文化的主要特征之一。我国海岸线较长，海域面积大，沿海地区的自然以及人文环境差异都比较大，由此展现出来的海洋文化特质也各具特色。我国北方地区靠近大陆文明相对发达的中原地区，这一区域兼具大陆文化和海洋文化的特质，并且大陆文化对海洋文化的影响和渗透较为浓厚；与此不同，我国南方地区以百越文化为代表，远离大陆文化中心，海洋文化活动较为频繁，更多地展现出海洋文化的特质。具体到地域来看，分别形成了环渤海海洋文化区、长三角海洋文化区、珠三角海洋文化区。各地区海洋文化既有共性又有特性，既有优势又有劣势，有着密切的共同发展前景。不可否认，我国各沿海地区海洋文化发展相对不均衡，相互交流合作也比较少。政府部门应通过切实合理的举措，加强海洋文化的保护研究，传承中华民族在几千年涉海活动中所积淀下来的变革图强思想、探索进步理念。协调各区域的海洋文化累积，统筹利用全国海洋文化资源，整合不同地区的海洋文化。可以通过举办全国性质的海洋文化学术研讨或海洋文化日等活动，协商和规划海洋文化研究工作，激励海洋文化发展和各地区海洋文化融合。充分发挥涉海高校和文化研究机构的作用，繁荣海洋文化，带动区域海洋文化融合和提升。

二是加强海洋文化国际交流与合作。世界沿海国家在各自发展海洋的过程中，经过多年的探索实践，形成了具有各自特色的海洋文化。在全球化的大背景下，加强同其他海洋国家的交流与合作已经成为大势所趋。在相互交流和合作中，吸收和借鉴其他国家在海洋发展中的成功经验和积极做法，总结经验和教训，为我们自身的海洋文化建设提供参考和依据。在此过程中，对外来优秀文化要保持包容的心态，虚心接受并加以利用。对个人来讲，胸襟宽广是大智慧；对国家和民族而言，包容和虚心同样是大智慧。世界是一个不可分割的整体，各个民族和国家是互利共存的，中国海洋文化的繁荣壮大离不开对其他海洋文化的学习和借鉴。但同时，在吸收借鉴其他国家海洋文化的同时，应努力彰显我国的海洋文化，展现其独特的海洋文化特质，并将其不断推向世界。可以通过召开海洋文化节、海洋文化论坛等多种形式，扩大国际交流与合作，将我国海洋文化传播到世界各地，使更多国家认同我们的价值理念和文化品牌，在更大范围内提高我国的国际影响力。这里需要特别强调的是，借鉴学习是文化发展的方式之一，但创新才是保持本民族文化先进性的根本因素。加强国际交流合作，不能摒弃创新这一根本原则，在尊重本民族海洋文化发展规律的基础上，吸收和借鉴其他民族文化的精髓，坚持转变思想、实事求是、与时俱进的发展理念，推动海洋文化的科学性、先进性。

（3）推进海洋文化和海洋经济的统一

海洋经济是开发、利用和保护海洋的各类产业活动，以及与之相关联的各类活动的总和；海洋文化是人类通过对海洋的认识、利用而创造出的精神财富。人类开发利用海洋的历史，就是海洋经济发展的过程，也是海洋文化孕育壮大的历程，涉海活动离不开经济和文化特性。海洋经济发展是促进海洋事业发展繁荣的物质基础，海洋文化繁荣为海洋经济发展提供精神支持，二者是辩证统一的关系。海洋经济是海洋文化的物质基础，对海洋文化起着至关重要的作用。海洋经济的发展为海洋文化的形成孕育了土壤，为海洋文化的形成提供了物质基础，同时，海洋经济对海洋文化的价值形态、发展方向等产生着重要影响。没有海洋经济，海洋文化就无从谈起。但海洋文化又具有相对独立性，对海洋经济又具有一定的反作用。海洋文化为海洋经济提供精神动力和智力支持，是推动海洋经济发展的隐性力量，没有海洋文化的繁荣，就没有海洋经济的持续发展。海洋文化的繁荣会促进海洋经济的发展，带动涉海产业的发展壮大，海洋经济的发展反过来又会推动海洋文化的不断繁荣。

海洋文化是海洋综合开发的关键问题，是事关怎样发展海洋经济、发展海洋科技的重要因素。先进的海洋文化可以彰显出正确的海洋意识和海洋发展观念，通过寻找适合本国或本地区海洋经济发展的模式，指引海洋开发利用朝着人性化的方向发展，为海洋经济发展提供科学、技术支撑。如果海洋文化资源能够充分利用，必定会创造巨大的经济价值。而且，就文化资源本身来看，也是一种经济增长点，海洋文化的深度和广度决定了文化产业的领域和影响力。因此，要促进海洋经济文化一体化发展。要确立正确的海洋文化观，确立海洋战略意识，认识海洋的战略价值。海洋文化将直接影响海洋资源开发利用以及海洋经济发展问题。此外，海洋经济发展中，要更多地注入文化因素，充分考量历史和现实，尊重自然和社会发展规律，弘扬传统文化。经济与文化二者的相互渗透是历史发展的必然选择，一个民族海洋意识的壮大、海洋经济的发展、海洋管理的规范、海洋科技的发达都离不开海洋文化因素的影响。很难想象，没有海洋文化的民族，如何发展海洋经济、建设海洋强国。

6.1.3 强化全民海洋生态意识

提高民众海洋生态意识，首先民众要具备基本的海洋常识。海洋生态文明建设要求民众认识并理解海洋生态保护的重大意义，学习并践行科学的生产生活方式。增强公众海洋生态文明意识是提高沿海地区社会管理效率的重要保证，也是海洋生态文明建设的内在要求。加强海洋综合管理、落实海洋发展规划离不开全国人民特别是沿海地区人民的积极参与。实践证明，民智的开发与大众的积极性的调动，与政府的引导措施有直接的关系。为此，各级政府应认识到公众参与海洋管理规划是海洋事业健康发展的现实需要，没有广大民众的积极参与，海洋生态文明建设将举步维艰，要让公众认识到海洋生态文明最终的受益者是民众自身，全民参与的海洋生态文明才可以持续、全面地展开，因此动员和引导公众参与海洋产业规划与管理也是建设社会主义和谐社会的现实需要。

（1）充分认知海洋资源

海洋资源是国土资源的重要组成部分，为人类生产生活提供了重要物质财富，拓展了人类的生产生活范围，是人类赖以生存的自然资源。首先，海洋具有丰富独特的生态资源。海洋具有丰富的生物资源和矿物资源，海洋中的生物物种资源远超陆地，是大自然生物资源最大的宝库，对海洋资源的认知、利用水平将在未来决定人类的生存质量。我国现阶段对海洋的开发利用还处于比较低的阶段，目前开发的海洋只占蓝色国土的5%左右，这片区域也将是地球上最大的待开发区域。其次，海洋和大陆相互融合，密不可分。

海洋与主要湖泊、河流相连接，是所有地表径流的最终归宿。同时，海洋通过地球化学循环，调控地球的能量、水、二氧化碳，从而控制天气和气候，通过水循环，海洋与大陆构成了有机的统一体。最后，海洋与人类生产生活关系密切。海洋为人类提供淡水和人类生存所必需的氧气，通过大气循环调节地球的气候，是影响人类生存的最重要生态要素。海洋还是重要的交通运输通道，世界绝大多数国家的贸易运输依靠海洋来完成，海上贸易为区域安全和谐提供了重要保障。海洋中蕴藏大量重要的矿物资源，为人类提供药品、矿产和能源，随着科学技术的进步，例如深海可燃冰等越来越多的海洋资源被人类发掘和利用。

（2）深刻认知海洋生态危机

人类对海洋资源的无序过度开发和生产生活垃圾的随意排放，导致海洋生态环境的严重破坏、海洋资源日益减少、海洋生态系统紊乱和海洋生态灾害频发。因此，深刻认知海洋生态危机的严重性和紧迫性，全面提高海洋生态管控能力势在必行。

在经济利益的诱惑之下，人们不良的涉海活动正严重威胁着海洋生态的安全。对海洋资源掠夺式的开发，导致海洋渔业资源损失严重，海洋生物多样性下降，海洋生态承载力降低，人类自身的生态安全也受到了威胁。海洋生态系统对于人类有着重要的服务功能，为人类提供赖以生存的自然环境条件，海洋与陆地之间的平衡互动如果被打破，一系列生存问题将产生。特别是在大规模开发利用海洋资源、发展海洋经济的背景下，海洋生态压力巨大。填海造地、炸岛采石、海底挖沙、违法捕捞等违法海洋活动，无视自然规律、扰乱海洋生态秩序，严重破坏了海洋生态系统平衡。工农业废水和生活污水肆意倾倒，污染物最终都流向了海洋，超排、偷排导致海水水质逐年恶化，海洋自净能力退化甚至消失。海洋生态系统面临的种种困境，亟须民众切实认知海洋生态危机，总结经验教训，实现思想观念上的转变，树立科学海洋观，善待海洋生态系统，强化海洋生态保护意识。

（3）强化海洋生态保护的重要意义

海洋生态系统的健康和谐是实现海洋强国战略的基本保障。强化海洋生态意识，就要充分认识海洋生态保护的重要意义。一方面，加强海洋生态保护是人类维持基本生存条件的客观需要。海洋作为一种自然资源为人类提供了巨量的物质财富。从陆地到海洋，展现了人类的生产智慧，在这里人类获得了大量的物质和能量。同时，海洋运输也为人类的生产生活提供了极大的方便，以海洋运输为主要交通方式的海洋商贸业支撑着全球的国际贸易。海洋具有外向性、开放性的特点，滨海旅游业的发展，使得海洋成为休闲娱乐的重要目的地。另一方面，海洋生态保护是应对国际竞争的必然要求。生态环境问题是全球性的问题，海洋生态资源状况影响着我的国际地位和社会影响力。面对激烈的国内外竞争，单纯追求经济利益的增长的做法已经为世界主要国家所摈弃，海洋生态问题越来越引起国际社会和环保人士的高度重视，已经成为维护国际政治、外交和社会秩序的重大课题。各个国家都有责任承担起海洋生态保护这面大旗，努力寻求海陆生态平衡，从而提升国际影响力。

（4）形成健康合理的生产生活方式

保护和修复海洋生态环境是当前经济社会发展的重要课题。需要通过科学技术的创新，改变落后的生产方式，从而提高海洋资源的利用率；通过宣传教育，推广生态文明理念使民众养成理性健康的行为习惯。沿海地区人类的生产生活方式深刻影响着海洋的生态平衡。防止人类的不文明、不理智行为对海洋生态造成不良影响需要通过提高人们的素质，规范人类的活动，引导健康的文化取向，摈弃过度消费的生活态度；通过生态旅游、推广海洋蓝色产业、发展海洋循环经济等方式，推动海洋生态运动，让民众享受海洋特色的自然生活，引导蓝色文明消费的新风尚。全社会范围所形成的海洋生态文化作为内在的约束和规范，会形成公众压力和舆论导向，海洋生态文明建倡导健康、绿色的生产生活方式，提倡民众节约海洋资源、爱护海洋生态、关注蓝色国土，同时反对资源浪费、提倡适度合理的消费观念。通过推广这种行为理念，使社会成员产生共鸣，认同尊重海洋生态环境在人类社会的发展进程中的重要作用，改变落后的、腐朽的生产生活方式，可以提高全民族的海洋生态意识，树立尊重海洋、顺应海洋、保护海洋的理念，制止各种违反法律的行为方式，使保护海洋成为人们的自觉行动。

6.1.4　全面推进科技兴海工作

科学技术是第一生产力。海洋高新科技的研发与应用是未来我国海洋产业的最重要支撑力量。在资源总量一定、人口与需求逐步增加的背景下，只有依靠自主创新、科技兴海之路，才能最大限度地提高海洋综合开发水平，减少海洋环境污染，避免海洋资源的浪费，才能建立人海和谐、生态文明的现代化海洋强国。海洋科技与经济发展结合日趋紧密，未来人类的海洋活动会越来越频繁和深入，海洋领域内的竞争归根到底是科技的竞争。从多年的实践和国家发展需要来看，提高海洋科技创新能力，现阶段的中心任务是加快实现科技成果的产业化，以科技因子影响发展方式的转变。要尽快将海洋科技成果转化为现实生产力，以此来支撑经济发展方式的转变，这也是供给侧结构性改革的重要目标。应构建高新科技研发及成果孵化体系，引进现代化海洋科技金融服务机制，加快科研成果转化。建立国家级的工程技术中心、高科技信息技术服务平台、招商平台、成果交流中心等中介服务机构，完善各地区、各学科乃至国际海洋生态科学交流合作，为科研机构提供一定的研究方向。同时，不断完善自主创新体制，坚持创新和引进相结合，全方位提升我国海洋科技实力。在一些关键技术领域寻求突破，打造海洋产业核心竞争力，并以点带面，发展出中国创造和中国"智"造的高技术产业集群。充分利用市场机制，尊重企业在市场中的主体地位，加强政府和研究机构对企业的服务功能，建立科学化、专业化的创新型企业发展环境。国家应发挥财政资金对科技兴海工作的引导作用，鼓励和引导海洋企业自主创新与产品研发。建立健全金融机构、风险投资机构等对海洋高技术产业化项目的扶持机制，政府相关部门设置专项资金，鼓励和扶持各类创新型企业发展，为科技兴海提供有力政策支撑。

我国的海洋产业科技化、现代化起步较晚，发展程度低，但由于科技产业的迅速发展，我国的海洋高新科技研发也就具有了后发优势，以科技创新驱动海洋经济产业的跨越式发展成为可能。人工智能的研发及应用速度之快已经超出了很多科学家的预期，人工智能对人类世界产生的冲击是巨大的。目前世界主要国家都在研究制定本国的人工智能战略，以适应人工智能时代。研发海洋人工智能和物联网，利用无人机、专业化海洋机器人等进行海洋探索，可以解决人类无法到达深海远海的困境，解决我国几十年难以解决的设备陈旧、产业落后问题，这种产业技术的全面应用可以使我国的海洋经济发展越过工业产业时期直接步入后工业时代，极大缩小与世界海洋产业强国的差距甚至反超。而海洋信息收集，比如大数据、物联网、云计算、AI智能以及3D数字技术等，它们的工作效率是以往人力机械或者普通计算方式的上万倍，它们之间相互配合的成果则更加强大，在某些数据收集、运算领域完全可以替代现在大部分海洋舰船、预警机甚至海洋监测卫星的作用，极大降低海洋数据收集成本，提高信息加工能力。应用人工智能技术的无人海洋设备，比如滑翔机、浮标、全球海洋观测网、水下机器人等等，可以做到信息采集、海洋资源开发利用同时进行，利用云计算和3D打印技术甚至可以实现实时的产品制造，它将会推动海洋经济产业第四次工业革命的到来。

6.2 推进海洋发展方式转变 科学利用海洋空间资源

海洋是支撑未来发展的资源宝库和战略空间，我国是海洋大国，利用好、保护好海洋资源是推进人与自然和谐共生的现代化的重要任务。2023年7月，习近平总书记在全国生态环境保护大会上强调，要构建从山顶到海洋的保护治理大格局。2023年12月召开的中央经济工作会议要求，大力发展海洋经济，建设海洋强国。我们要深入学习领会习近平总书记关于海洋资源开发保护的重要论述精神，贯彻落实党中央决策部署，以科学方案和务实行动不断强化海洋利用、海洋保护、海洋治理，为建设美丽中国提供蓝色动力，为建设海洋强国作出更大贡献。海洋开发和资源利用过程中出现的种种负面问题，特别是海洋生态破坏等严重阻碍我国海洋事业的健康、持续发展，并最终导致整个社会发展受到制约。通过不断转变发展思路，调整产业结构，坚持发展与保护并举，修复和建设相结合，走海洋产业现代化和生态环境宜居化相结合的可持续发展之路是建设美丽海洋的根本出路。

6.2.1 优化海洋供给结构 发展海洋循环经济

当前，在国家通过一系列措施加大供给侧结构性改革的背景下，海洋产业作为国民经济的重要组成部分，亟须优化海洋产业供给结构，提高海洋经济中的科技贡献率，扩大海洋经济有效、优质供给，同时着力改善受损海洋生态环境，提高沿海地区居民生活环境质量，在海洋绿色食品生产、优质海洋旅游服务、新兴海洋高科技应用等方面进一步持续发力，增大海洋经济对国民经济的贡献度。

随着我国综合国力的不断上升，居民收入明显增加，民众对生活品质的需求日渐增高，消费方向从生存必需品逐步转向生活便利品甚至是奢侈品，对优质、高精尖产品的需求日益增加。在旅游市场，民众已经不再满足于居住地周边的陆地观光。近年来，海洋旅游、海岛度假等高端市场升温明显，国外海洋旅游产业供需两旺，国内的高端海洋旅游线路也备受青睐。另外，随着国民经济的快速发展，民众的受教育程度不断提高，对海洋生态文明程度日益关注，对优质海洋旅游环境的要求不断提升。因此，进一步加快优化海洋供给结构，既可以满足需求端高质量、专业化、精细化的要求，又可以促进海洋产业供给能力的不断提升。

要实现优质、高效的海洋产业供给，我国的海洋供给结构还有相当大的优化空间。首先，传统海洋产业存在产能过剩，需要去库存、去产能，这需要消化、改造老旧设备、对原有产业从业人员进行安置和重新规划产业区域等过程，新兴海洋产业技术人员短缺导致的产品竞争力不高、资金设备不能及时就位，无法提供有效的供给；在旅游产业中，消费者对优质化、特色化、生态化海洋旅游产品的需求增大，而多数滨海旅游产业的供给端仍停留在作坊式、地摊模式，没能根据需求端的要求及时作出调整，导致低端消费利润低只能供给增量，中高端消费前景广阔、利润丰厚但供给端乏力，海洋生态产业供给端与需求端不协调。其次，海洋外贸需求疲软，市场竞争压力加大。我国沿海地区已形成以出口导向为主要特征的经济发展方式，原油和铁矿石等大宗商品的价格一直在下滑，凸显出全球经济持续下滑和可能出现的衰退风险。代表全球大宗商品价格的标普 GSCI 大宗商品指数在 2023 年里下跌了 25% 以上，该指数是衡量各种大宗商品市场整体表现的基准。2008 年国际金融危机以来，美国等发达资本主义国家推行的"再工业化"政策，致使我国以外贸货物运输为主的地区，高端制造业出现大幅回流，市场供给压力增加，发展前景堪忧。另外，国际石油价格出现大幅回落，并长期处于低价运行，能源结构发生新变化，国际商品市场不稳定因素依然存在。而且，美国和欧盟等经济体内"反全球化"的声音此起彼伏，国际经济走向短期内难以向好，由此带来的外贸需求持续低迷和能源市场下行压力加大，势必导致我国目前正大力发展的海洋中高端装备制造、海洋油气开发和远洋交通运输服务等产业的总需求降低，供需平衡被打破。

"十四五"时期是我国经济社会持续健康发展的关键时期，优化海洋供给结构是实现海洋生态文明建设的必要措施。2023 年 7 月，习近平总书记在全国生态环境保护大会上回顾总结新时代十年的实践经验，分析当前面临的新情况新问题，明确提出新征程上推进生态文明建设需要处理好的五个重大关系，即高质量发展和高水平保护的关系、重点攻坚和协同治理的关系、自然恢复和人工修复的关系、外部约束和内生动力的关系、"双碳"承诺和自主行动的关系。应当以制度建设、产业服务、科技创新等为突破口，努力实现海洋第一、二、三产业结构优化升级，进而实现整个海洋经济体系优质、高效、快速发展。海洋综合管理机构应着力转变政府职能，推进"放管服"改革，释放市场潜力。沿海地区各级政府建立健全用海审批流程、海洋经济金融服务机制，提供数据信息平台，创造优质、高效的市场环境。通过引进"大数据"、云计算等智能信息平台，对传统海洋产业的"存量"加以分析，对海洋产业进行全面、科学的指导，进而实现海洋产业供给结构的优化整合目标。生态问题的本质是发展问题，必须用可持续发展的办法去解决发展中的环境问题。如何实现海洋经济发展与海洋生态的平衡是时代赋予人类的重要课题。在发展海洋经济中，贯彻海洋资源、生态环境和社会发展的协调统一是首要前提。20世纪90年代以来，海洋循环经济理念被国际社会广泛认同。循环经济理论符合可持续发展的要求，追求资源的高效和循环利用，以实现低排放、少消耗、零污染为发展目标。海洋循环经济是循环经济理念在海洋领域的延展和深化，海洋循环经济以摒弃粗放的发展模式为前提，促进海洋经济健康发展的同时，实现海洋生态环境的有效保护。海洋循环经济应广泛应用于我国的海洋事业建设中。

促进和完善海洋循环经济发展是科学规划海洋经济发展的重要举措。首先，加快海洋产业结构调整。国家应从全局高度出发，制定切合实际的海洋发展战略，出台海洋循环经济发展的政策措施，培育新兴海洋产业。其次，创造有利于科技创新的社会氛围。科学技术是第一生产力，在发展海洋循环经济时，离不开高新技术的引领和支撑作用。发展海洋循环经济，关键靠科技创新。以海洋资源的高效和循环利用为基础，指导海洋产业合理布局，统筹海陆资源分配，增加科技的贡献率。最后，积极探索实现海洋循环经济持续发展的长效机制。从经济社会发展的全局高度对海洋循环经济发展进行宏观管理，在制度层面进行保护和引导。通过建立海洋循环经济评价指标体系、发展指标体系等手段，将指标和措施量化和具体化，真实反映并科学评价海洋循环经济发展状况，将其纳入政府绩效考核体系，推动政府部门主动作为。

如何适应国际国内海洋经济快速发展的新形势，推动我国海洋经济发展再上新台阶是摆在我们面前的重大课题。如今,我国已经进入经济发展、社会进步、生态环境一体化的协调发展阶段,在海洋领域推动海洋经济的可持续发展,必须不断优化结构,坚持开发与保护并重,积极拓展发展思路。在海洋开发和利用的过程中,要坚持海洋经济发展速度、规模与环境承载力相适应。加快治理海洋污染,加强海洋生态环境建设。同时,推动陆海统筹战略的实施。陆海之间资源互补,产业互动,经济关联,这些特点要求我们必须把陆海作为一个整体,统筹考虑。陆地经济为主的产业布局要向海陆联动的方向转化,陆域生产、海洋排放的传统产业模式应禁止,陆海二元结构要向海洋资源优势与陆域资源优势有机结合形态发展,提高资源开发的关联性、互动性,积极扩大海陆复合型产业和海洋产品深加工产业的规模,提高海洋资源综合利用水平。

6.2.2 坚持区域协调发展 合理开发海洋资源

海水介质的特点以及各海域的自然地理环境的不同,决定了海洋生态文明建设也需要坚持区域协调合作。坚持区域协调发展,就是实现不同区域的资源整合,充分发挥各自优势,形成分工明确、布局合理的有机整体。坚持区域协调发展有利于提高区域海洋环境保护的整体水平,进一步改善区域海洋生态环境状况,构建优势互补、资源共享的良好局面,进而实现区域海洋经济效益与生态效益的双赢。目前,我国各沿海地区由于海洋资源禀赋、地区经济发展、政策导向等因素的影响,导致部分地区资源或是过度开发,或是开发不足,开发水平参差不齐,资金、人才的缺乏也影响资源开发的质量,这不但导致经济发展受阻,也在一定程度上损坏了海洋自然生态系统。虽然沿海地区海洋产业结构调整已初具成效,但距离理想中的海洋产业结构还有一定的差距,产业结构体系中资源消耗型的产业格局依然占据较高的比重，与此同时，若各地区海洋产业结构趋同，难以实现深层次的协作配合。实施区域协调发展将推动沿海地区海洋资源的重组和整合，加速人才、信息、科技等资源的共享，从而形成强大工作合力，推动区域联动机制的建立。

针对沿海地区发展布局大同小异，区域间产业结构布局雷同等问题，需要统筹规划和强化管理，统筹沿海地区功能定位，合理安排沿海地区重大项目和重点工程，构筑区域经济优势互补的发展格局。"环渤海地区油气资源、港口资源、盐业资源丰富，适宜发展海洋盐业、海洋船舶工业、海洋交通运输业等传统海洋产业，扩大海水利用业等海洋新兴产业规模。长三角经济区拥有较强的技术与经济实力，优势海洋资源为生物资源、滩涂资源、港口资源和旅游资源，此外丰富的风能、潮汐能资源在全国具有独特的优势，适宜重点发展海洋交通运输业、滨海旅游业、海洋生物医药业、海水利用业、海洋电力业。珠三角经济区海洋资源禀赋独特，种类繁多，港湾、生物、石油天然气、固体矿产、可再生能源、旅游等海洋资源丰富，开发潜力较大，应将海洋渔业、海洋油气业、海洋交通运输业、滨海旅游业作为主导产业，同时大力发展海洋生物医药业、海洋化工业、海水利用业等新兴海洋产业"。[①]

海洋资源泛指海洋环境中存在的现在和未来能够被人类所利用的物质、能量和空间等一切资源。我国海域辽阔，海洋资源丰富。在北起鸭绿江口，南至北仑河口绵延18 000多千米的海岸线周边，具有潜在的广阔开发市场，这里生长着数以万计的海洋动植物资源和大量的能源矿产资源，为人类生产生活提供保障。但是，海域是个具有多样性的复杂系统，对海洋资源的开发利用不能没有节制，在尊重海洋自

---

① 王殿昌. 统筹规划 合理布局 促进区域海洋经济协调发展 [J]. 海洋经济，2011（4）：1-5.

然规律的前提下，合理地开发利用海洋资源是海洋持续利用、海洋产业健康发展的重要前提。

（1）逐步向深远海拓展海洋资源开发

随着陆域资源的枯竭，近岸海域多种资源开发已趋于饱和，加上人类不合理的开发活动，近岸某些资源衰退严重，已处于不可利用的边缘。在很长的一段时间内，对海洋资源能源的需求是巨大的，人口和产业发展必将趋海流动与布局，海洋资源利用向深、远海拓展也将必将成为大势所趋。深、远海中丰富的油气、天然气、生物遗传资源将是未来海洋资源利用的新领域。通过加大对深、远海资源的探测力度，为接替性能源资源的规模利用做好技术准备，重点研究和掌握大洋重要生物资源分布、变动规律，开展远洋生物资源评估和信息服务技术。开展海洋深水区和海洋深层油气地球物理采集技术，发展具有自主知识产权的深水油气勘察技术。同时，大力推进深海油气生产作业装备和深海通用材料研发，提高深海开发中大型设备的设计与研发能力。

（2）积极探索海洋资源低碳高效利用新路径

海水利用、海洋渔业、海洋油气等都属于海洋资源型产业，这些产业在整个国民经济社会发展中具有举足轻重的作用，但与此同时，这些产业都不同程度地存在着高污染、高能耗等特点，未来这些产业的发展仍将面临着资源、能源不足的问题。发展绿色海洋资源产业，减少能源消耗和环境污染，积极探索海洋资源低碳高效利用是社会未来海洋资源开发利用的主要方向。一方面，以科技手段为突破口，降低海水资源利用的能耗，发展海洋产品精深加工技术；另一方面，规范生产开发过程，杜绝因生产设备故障、操作失误等而造成的污染和破坏行为，严格操作规程。

海洋空间是海洋经济发展的载体，承载着食品供给、交通运输、滨海旅游、矿产开采等产业活动。海洋空间是陆地空间以外，现阶段人类生存发展的最重要载体，是人类食品、矿产等重要资源的来源地，更为人们提供了交通运输、旅游观光等服务功能，满足人类生产生活的各种空间需求。随着人类对海洋的认识与利用不断加深，海洋空间供给和人类需求之间的矛盾日益突出，优化海洋空间供给结构势在必行。当前，我国经济发展进入新常态，世界贸易局势复杂和国内供需关系快速变化导致国内资源市场配置步伐加快，传统海洋空间利用方式必须作出一定调整来满足今后一段时期我国海洋产业发展的需要。"十四五"期间应实现海洋空间利用的规范化、科学化和生态化，完成海洋资源供给由生产向消费方向转变；充分发挥市场配置机制，提高海洋产品供给质量；完善海洋空间资源总量和分量管控制度，科学配置海域资源，优化海洋空间开发格局；充分掌握海洋资源生态属性，从资源可持续利用和源头控制的角度，推动海洋空间利用合理有序、持续推进。

海洋是地球上最大的碳库，为陆地的 20 倍、大气的 50 倍，增汇潜力巨大。海洋碳汇尚未纳入国际碳汇体系，成为亟待填补空白的前沿领域。研发海洋储碳机制，将蓝碳纳入碳交易体系，可以在很大程度上助力解决我国目前面临的三大问题：生态环境恶化、地缘政治、气候变化。目前我国在蓝碳研究领域已经积累了一定的经验，在世界范围内处于领先水平。2015 年，海洋碳汇纳入《生态文明体制改革总体方案》。同时我国是全球最主要的大型藻类养殖国家，并且同时分布有红树林、盐沼和海草床等 3 类蓝碳生态系统，在发展蓝碳方面具有得天独厚的优势。依托国家海洋局实施的蓝色海湾和南红北柳等重大工程项目，对发展蓝碳具有积极的推动作用。蓝碳经济是利用二氧化碳、过剩营养盐等传统经济副产品，提供生态服务和生态产品的减碳经济，经济发展的驱动力由化石能源转变为自然生产力，不仅增汇固碳，还将推动海洋生态工程、生态旅游、生态养殖等相关产业发展，形成碳服务、碳交易等新型业态，也将创造出更为优美的人居环境，大幅提升地区竞争力，为国民经济其他部门发展创造条件，吸引更多优秀人才，创造更多就业机会。有条件时，尽快建立由我国主导的国际蓝碳交流推广机构，不仅可以服务于我国生态文明建设，更可以通过先进生态发展理念提高我国地缘政治影响力。发挥海洋碳汇在碳中和目标实现中的巨大作用。"我国蓝碳发展自然条件优越，潜力巨大，蓝碳研究业界领先，发展蓝碳对于国家减排增汇战略和生态文明建设具有重大意义。我国应在国际蓝碳研究日新月异、建立全球蓝碳秩序呼之欲出之时，抢抓机遇，大力发展蓝碳事业，拓展减排新空间，增强气候变化领域国际话语权。"[①]

6.2.3 落实生态损害补偿机制 加强海洋环境保护

海洋生态补偿是指在海洋资源开发利用中协同保护海洋生态的一种手段，由政府调控、市场社会调节等方式依据相应标准给予相关利益者一定利益填补的制度安排。其制度安排是根据海洋资源开发和环境保护的现状来制定的，目前制度的设计主要是解决海洋生态资源无序利用和海洋生态环境破坏赔偿主客体不明等问题。改革开放40多年来，经济发展速度与规模不断扩大，随之而来的是我国沿海地区海洋生态环境问题也不断显现，而且如果不加强保护，随着海洋开发活动的增加，这种趋势将会更加严峻。沿海海域环境出现危机，主要表现为海洋及海岸带栖息地损失、近海污染严重、海洋底栖环境恶化、海水营养盐结构失调、海洋生态系统结构失衡、海洋生物多样性水平下降、海洋珍稀物种濒临灭绝，海洋生态环境

---

① 岳宝彩. 推动蓝碳发展正逢其时 [N]. 中国海洋报，2016-12-22（A3）.

保护任重道远。

海洋生态损害补偿是对海洋资源使用过程中相关利益方经济利益的协调。因此，明晰海洋生态损害补偿中的主客体是实施海洋生态损害补偿的前提。由于海水的流动性等海洋生态系统本身的特殊性及海洋用途的多样性，使得它没有陆地生态系统的相对独立性、位置的固定性，因此海洋生态损害利益相关者分析亦较陆地生态系统复杂。海洋生态损害补偿的主客体划分一般以损益为标准。海洋资源环境的使用者，不管是个人、企业或其他政府机关，在进行海洋资源环境使用时，对海洋生态系统造成了损害，它就构成了海洋生态损害的补偿主体。而受偿主体是指海洋生态损害事件中的利益受损方，按照法律法规或合同约定应得到补偿的社会组织、地区和个人。生态补偿的客体则指生态补偿主体间权利、义务所指向的对象，即海洋资源环境本身。

海洋生态损害补偿需要政府来引导，也需要市场手段来刺激，建立和执行海洋生态损害赔偿机制是实现海洋生态资源监管市场化的重要举措。其中，生态损害补偿标准的建立是生态损害补偿研究的基础，是决定生态损害补偿实施可行性和有效性的关键。若补偿标准确定过高，将会限制用海者的用海行为，最终影响到沿海地区经济社会的发展；若补偿标准确定过低，又达不到海洋生态保护的目标。而生态损害补偿执行机构的履职能力则是该机制落实的保障。因此，我国海洋生态补偿体系建立中必须加大外部监管力度，应当在海洋生态监管体系中着力提升海洋生态损害补偿监督管理机构的级别，通过强有力的外部监管来推动海洋生态补偿的完成，以"乱世用重典"的市场经济手段为抓手，体现了我国政府海洋生态文明建设决策的科学性和强大的执行力。

应妥善协调海洋开发与保护之间的矛盾关系，力求实现海洋经济发展和生态环境保护的协同推进。很长一段时间以来，人们对海洋的认识和重视程度不够，以及短期经济利益的诱惑，海洋生态环境遭受了人类破坏性的打击，导致近海海域海洋环境质量下降，海洋生态灾害频发，这在一定程度上威胁人类自身的健康和安全，并限制了经济社会的进一步提升和发展。在开发与保护的问题上，一种观点是传统的发展观，将经济增长等同于经济发展，毫无节制地向海洋索取，不考虑经济发展对生态环境造成的负担和破坏，长此以往，必然造成海洋生态环境恶化、海洋生物灭绝等极端灾害发生；另一种观点是只保护，不开发，因噎废食，因为担心开发对自然环境造成损伤，拒绝一切形式的开发和利用，这种方式虽然在短期内能够保证海洋生态环境的平衡和稳定，但又会严重制约海洋经济的发展，造成人类生活的困境。这两种观点都存在弊端，保护与开发这对矛盾不可避免地存在，协调海洋生态环境和地区经济发展已经成为学术界和政府部门的关注热点，在实践中也形成了行之有效的方式，例如，在生态保护区开发生态旅游、生态养殖等等，既保证了生态环境的平衡，又促进了经济的发展，很好地诠释了开发与保护之间的平衡。加强海洋环境的监测、保护与管理，控制海洋开发建设过程中排泄的污染物对海洋生态环境造成的影响。按照海洋功能区的环境质量要求，合理设置监测项目、站点，进一步完善海洋环境监测能力和水平，及时掌握海洋生态环境质量状况。加强对重要的江河入海口进行监测，掌握入海污染物的产生、排放状况，及时分析、监控和预警各类海洋环境污染和灾害，从而达到及时采取措施，及时控制，保证海洋生态环境。

海洋污染复合性强，累积效应大，治理难度大。海洋污染治理试验区的设立之目的就在于科学、规范地整治与管理海洋污染，并为海域管理提供新的思路。在建立海洋污染治理试验区的时候，要综合考虑污染物来源、污染海域范围、污染物构成等几个关键因素，在充分掌握和尊重海洋自身生态承载力的基础上，逐步开展治污工作。可以选择一个或几个污染相对严重、具有典型性的区域进行试点。建立成型的海洋污染治理试验区内，应设立功能齐全、数据准确的环境监测单位，科学、系统地研发污染物的产生、转移与相应防治技术、方法。在相关部门的指导下，有序整治污染海域，将经验做法积极推广。

6.3　提升海洋综合管理现代化水平

海洋综合管理这一概念早在20世纪30年代就在美国产生，随着各沿海国家对海洋工作的管理和实践探索，海洋综合管理概念也不断丰富和完善。鹿守本等专家将海洋综合管理含义归纳为："以国家海洋整体利益和海洋的可持续发展为目标，通过制定实施战略、政策、规划、区划、立法、执法、协调以及行政监督检查等行为，对国家管辖海域的空间、资源、环境、权益及其开发利用和保护，在统一管理与分部门、分级管理的体制下，实施统筹协调管理，达到提高海洋开发利用的系统功效，促进海洋经济的协调发展，保护海洋生态环境和国家海洋权益的目的。"[1]海洋综合管理立足于国家的海洋整体利益，它不是对某一海域或某一方面具体内容的管理，而是通过立法、规划、执法、战略、协调等多种形式对海洋进行的全局性、总体性、宏观性的高层统筹协调机制，从而实现海洋事业的发展和海洋权益的维护。海洋综合管理从管理手段上说一般通过三种方式实现管理目标，

---

① 李滨勇，王权明，索安宁，等. 刍议我国新形势下的海洋综合管理 [J]. 海洋开发与管理，2014，31（8）：9-14.

分别是法律行为、行政行为和经济行为。在法律层面，要加强海洋综合管理方面的立法，为保护海洋环境提供法律依据。海洋行政主管部门根据自身职责的不同，在海洋管理中采取相应行政行为，目的是协调各地区、各部门和各产业之间的各种海洋开发活动，在职权范围内采取必要的行政干预措施，确保海洋及其资源的合理开发，维护国家发展目标和长远利益。经济手段分为奖励性、制裁性和限制性三种，旨在用市场化的方式鼓励或者制止相关海洋行为，维护国家海洋权益。

现阶段，以维护海洋生态平衡、维持海洋活动秩序和确保海洋可持续发展为主要目标的海洋综合管理是大势所趋，美国、日本、英国和加拿大等海洋强国已经着手甚至完成以此为核心的海洋综合管理体系建设。不同国家根据海情、国情的不同，其发展模式与轨迹也千差万别。目前为止，世界上还没有一种放之四海而皆准的海洋综合管理模式供各国参考，因此，我国的海洋综合管理必须因地制宜、结合不同发展阶段不断健全、完善管理模式和方法。

6.3.1 强化海洋生态发展战略

从海洋强国战略上看，我国海洋事业发展规划已具备一定实质内涵。具体到海洋生态文明建设领域，在党中央的坚强领导下，《关于加快推进生态文明建设的意见》提出优化海洋空间、节约利用海洋资源、海洋生态制度建设和海洋生态环境保护等要求；《生态文明体制改革总体方案》更加细化地指出了健全海洋资源开发保护制度和完善海洋资源有偿使用制度等内容。《关于开展"海洋生态文明示范区"建设工作的意见》为沿海地区海洋生态文明示范区建设提出了明确的目标任务；《国家海洋局海洋生态文明建设总体实施方案》的出台，为我国海洋生态文明建设指明了具体方向，布置了实践步骤和完成时间。此外，我国在一系列战略规划中对海洋生态文明建设提出了具体要求，尤其是新兴海洋战略性产业发展、海洋生态保护等。但这些规划大部分不是专门针对海洋生态的研究，在具体制定发展战略的实践中往往局限于某一特定产业、地区，各类规划之间缺乏宏观的、统一的衔接，规划目标之间整合性不强，可操作性差。同时，由于缺少配套的管理监督机制和考核体系，各种发展规划的执行情况并不理想。

因此，借鉴发达国家的成熟经验，制定具备系统性、可行性和整体性的海洋生态发展战略，以统一的、宏观的发展思路指导我国海洋生态文明建设是海洋强国战略实施和大力推进生态文明建设工作的重要路径和保障。以海洋生态系统的可持续发展为原则，实现海洋经济发展、生态保护和社会进步的共赢。在宏观规划上，要以海洋产业发展、海洋生态保护和海洋科技创新等内容为主，结合我国海洋事业发展的近期、中期、远期目标，针对现阶段海洋事务现状，不断完善和纠正政策方向，从宏观层面实现对海洋发展趋势的把控，坚决制止海洋经济发展是建立在破坏海洋生态环境和浪费海洋资源基础上的行为。在微观层面，坚持因地制宜和与时俱进的理念，做到具体问题具体分析，具体矛盾具体解决。同时，一定要建立统一、配套的监督检查和考核机制，严格制定实施办法，为战略规划切实落到实处增加制度保障。

具体来看，国家海洋发展战略的制定，要以合理开发利用海洋资源、保护海洋生态环境、促进海洋经济可持续发展、维护国家海洋权益等方面为出发点和落脚点，用于筹划和指导海洋开发、利用、管理、安全和保护，为国家制定海洋政策提供依据。应当加强国家层面的海洋开发总体规划的制定，并加强对各地地方发展规划的指导工作，以中央的权威对地方海洋发展规划的制定提供规范和监督依据。

地方管理机构针对辖区出现的海洋管理面临的不同问题，要及时作出反馈，实现海洋管理的统筹与协调，构建合理有效的协调机制。当前及今后一段时期，结合我国海洋产业发展现状，立足创新驱动发展战略和海洋强国战略，建立协调各方利益的高层协调机构，以机构的合理运行来实现海洋规划的总体目标，在国家的统一领导下，统筹利益相关方共同维护和参与涉海政策和法律法规的有效执行，共同推进海洋生态发展战略的制定和实施。

6.3.2 深化海洋管理体制改革

"海洋机构改革的重点是理顺中央和地方、层级和部门间权利关系；难点是整合海洋、海事执法部门的权力；特点是既要理顺关系、整合权力，又要提高效率、发展经济，还需维持生态、保持环境。我国海洋综合管理模式已大体形成，但其中的组织关系、人员编制、权力分工等问题还未明确，今后还需在借鉴国外模式的基础上，从本国国情出发进一步细化和明确其中的职责，进而探索出一条符合国情的综合管理道路。"①提高我国海洋综合管理水平，首先应深化海洋管理体制改革，升级海洋管理方式。管理体制优化创新是推动经济社会持续繁荣、健康发展的内在动力。我国的海洋综合管理是一项复杂的系统工程，需要科学、坚强的制度构架作为支撑，通过国家顶层设计与基础推动，来摸索适合国情海情的海洋管理体制。从宏观上来看，调控海洋事务的重点是应当进一步理顺涉海省、市、县各部门的管理范围、权限，在出现职能交叉时，在制度层面明确权责分工。在沿海各省设立海洋资源管理机构，集中处理海洋管理事务，使各部门权责明确、提高管理效率，同时明确管理目标，科学划定职责界限，进一

---

① 吴杰. 基于生态系统的我国海洋综合管理体制研究 [D]. 湛江：广东海洋大学，2016.

步削减行政审批事项，杜绝多头管理、推诿扯皮现象。从国家层面出发，建立高层次的海洋行政管理职能部门，对全国海洋开发的大政方针进行制定。同时在各省区市成立相应的地方海洋管理机构，根据本地区现实发展状况处理海洋事务，协调其他部门职责分工，利用海洋管理部门的相对独立性，摆脱"部门利益"的制约，充分发挥其服务保障作用。

当前，许多国家提升了海洋管理机构的级别，以适应愈加重要的海洋管理事务。以金砖国家中的巴西和印度为例，巴西成立了部门间海洋管理委员会，用以衔接涉海事务，加速处理流程和提高效率；印度成立了专门管理海洋事务的海洋部，其职能涵盖了海洋安全管理、海洋产业开发和海洋生态保护等多个领域。发达国家中的日本、加拿大都设有海洋渔业部（省），其职责分工都旨在强化海洋管理机构职能，进而加强海洋综合管理水平。因此，我国在国家层面和沿海各省应建立专业性强、层次较高的海洋综合管理部门，专门负责全国和各级地方的一般性海洋事务管理。同时，在沿海各省设立海洋资源环境管理机构，明确其海洋综合管理职责权限，正规化、专业化地协调涉海各部门行动，处理相关海洋事务，以提高海洋综合管理效率。

6.3.3 健全海洋立法执法体系

法律法规是社会稳定发展的重要保障，海洋生态环境的可持续发展需要法律的保护和支持。新时期海洋生态文明建设，必须拥有完善的政策法律体系，并建立与之匹配的执法体系，为海洋生态文明建设实现法治化打下坚实基础。就目前来看，我国已经制定了诸如《海洋环境保护法》《海上交通安全法》《渔业法》等一系列法律法规，在维护海上权益、促进海洋保护等方面发挥了重要作用，初步形成了我国海洋法律体系。但由于海域辽阔，海洋生态环境复杂，沿海社会结构差异巨大等原因，不论从海洋相关法律法规总量还是部门法的专业程度上来说，与美国、日本等发达国家相比还处于起步阶段。因此，我国应加紧步伐，抓紧制定我国的海洋基本法及其他相关的法律法规。

海洋立法模式的不同主要是由各国地缘格局、自然环境、政治体制、现行法律等诸多因素决定的。目前我国海洋生态环境整体水平较低，东海、南海与日本等国经济、划界纠纷不断，现行法律法规存量较低。鉴于此种情况，选择综合性立法模式，以龙头法引领依法治海更加适用于当前我国的国际和国内环境。首先应该在宪法中体现国家对海洋的重视，推动"海洋入宪"。在宪法中规范和指导海洋开发和海洋生态保护的活动，保护国家海洋权益，尽早建立我国的《海洋基本法》，同时在《联合国海洋法公约》的框架下，各行业法律法规及时根据我国实际情况，建立健全部门及行业法，全方位推进海洋生态文明法制进程。

在世界范围内，域外国家在海洋立法中普遍存在两种方式：一种是以澳大利亚、德国为代表的分散型海洋立法模式，各相关行业和海洋主管部门各自建立监管法律，维护海洋权益和监督管理海洋开发行为。例如，澳大利亚目前已有600部左右的国内法律约束指导海洋行为，涉及渔业水产、海洋环境污染、能源科技、生态保护等各个方面。第二种是以美国、日本、英国等国家为代表的综合型海洋立法模式，即首先建立一部统辖所有行业门类和海洋事务的海洋基本法，此法在法理上属于海洋宪法性质，在此之下配套建立子法规。如日本的《海洋基本法》，它对涉及日本海洋问题的十二个领域进行了规范，成为日本所有海洋问题的法律指针，其后出台的如《海洋基本计划草案》等法律，都是对《海洋基本法》的细化和补充。

在法律法规的设计制定过程中，既要尊重法律本身的权威性和专业性，完善高质量的法律体系，同时还应考虑到执法环节，增强法律法规的可操作性，力求实现立法与执法的高效统一。海洋执法区别于陆地及内河执法之处很多，表现在违法事件的突发性、偶然性，执法区域和执法相对人的复杂性，取证留证的难度等。鉴于海洋执法的特殊性，往往涉及主权与重大经济利益，国家应在战略高度给予重视。应当整合目前政出多门的海洋监管机构及相关海洋管理部门的监管权限，建立起各省垂直管理或中央统一管理的海洋执法队伍。在此基础上招录高素质的执法人员，加强执法人员岗位和业务培训，配备高质量的执法装备，实现专业化和正规化的海洋执法监管。减少和杜绝执法部门在执法环节与地方政府、相关机构和被执法对象的利益纠葛与推诿扯皮现象，真正从源头上实现违法必究、执法必严，将立法成果转化为执法效果。从世界各国的海洋监管经验和发展趋势来看，这是实现海洋监管正规化、制度化、法治化的重要环节，是海洋生态文明制度建设的必经之路。

6.3.4 建立健全政府绩效考评制度

政府作为海洋生态文明建设的主体，其工作的积极性、科学性和工作成果需要一套公正、严格的绩效考评机制反映出来，以区分不同地区政府对于海洋生态文明建设的重视程度。政府海洋生态文明建设的绩效考评不同于评价指标体系的地方在于评价对象不同，前者是专门针对政府海洋生态文明建设工作绩效的考量，后者是对本区域内所有海洋生态文明建设参与要素指标水平的综合评价。政府绩效考评的考核标准随着时代的变化在不断更新，20世纪90年代流行的评定标准是定性分析理论，但当前发达国家通过实践认为量化评价的方法更为公平准确。将生态文明建设考评成绩计入政府工作评优评先系统，在考评过程中主要的考核指标的筛选来自海洋生境现状、环境污染指数、资金投入和产业扶持等四个主要方面，海洋生态文明建设业绩不达标的应当给予警告，连续三年尚未通过考核，该区域内主要领导人和生态环境治理相关主管单位负责人不得胜任更高职位工作。另外，针对发达地区和欠发达地区的差异，考核指标的核算也不尽相同，要体现分类指导、区别对待的原则。基于每个地区的经济发展程度不同、生态基础不同等因素，要注重考评体系的因地制宜原则，从海洋生态文明建设的成果考评出发，形成自身一套完善的海洋生态文明建设绩效考评体系。

为切实增强沿海地区海洋生态文明建设的积极性，充分挖掘工作潜力，应在海洋生态文明建设工作中将以"自上而下"的强制力推动为主改为以"自下而上"的政策性激励为主。一是资金奖励，实施"以奖代补""以奖促建"，遵循"奖励补助，多做多补，少做少补"的原则对海洋生态文明建设重点工程进行补助，并对海洋生态文明建设成绩突出的地方给予一次性奖励，明确奖励资金额度设定办法和资金使用范围。二是政策扶持，提高海洋生态文明建设工程项目的财税返还力度，建立和优化海洋生态资源使用权招投标制度和海域使用权抵押、转让和出租管理制度，发挥海洋生态资源使用权在海洋经济活动中的市场基础作用。海洋公益事业专项资金和地方科技兴海资金中有关海洋生态的项目向海洋生态文明建设工程倾斜。政策扶持的重点是应将建设成果与地区海洋生态环境保护的日常工作绩效和重大环境事件联系起来，将考核指标体系中较为重要又易于纳入年度统计的指标划定为常态化考核指标，已挂牌命名的海洋生态文明示范区需每年对照标准进行复查，出现指标不达标情形的，实行"一次警告，二次摘牌"的惩罚措施，且不再享受示范创建的政策奖励。为确保常态化考核数据的真实准确，可在建设考核中引入独立的第三方机构，每年发布评估报告，对建设全过程起监督作用。

6.4 建立完善海洋生态文明建设评价指标体系

科学构建海洋生态文明评价指标体系，并通过具体分析对象的观测数据进行生态文明评价，可以有效把握海洋生态文明建设状态，有利于实施海洋生态文明建设考核工作，有助于我国海洋生态文明建设工作的推进和发展。近年来，随着海洋生态文明建设实践的深化，关于海洋生态文明建设评价指标体系的研究已日益增多。对于海洋生态文明建设的评价研究涉及面很广，评价的指标也千差万别，涉及多角度、多要素、多学科，建设海洋生态文明衡量标准以及评价指标的确定过程也将是相当复杂和综合性的。海洋生态文明建设评价指标体系构建是考核海洋生态文明建设成效的有效方式。其每项指标的确定都应该符合最新的发展理念，满足社会主义基本原则，能够体现建设中国特色社会主义现代化的阶段性发展要求。

6.4.1 设定海洋生态文明建设评价目标及原则

海洋生态问题的根本还是解决人类的发展问题。海洋生态文明建设评价指标体系的设计首先要以人类的可持续发展理论为指导，以建立人海和谐的自然关系为目标，全面反映海洋各类要素的可持续发展状况和潜力。评价体系的设定原则必须体现出我国海洋生态文明建设的全面性、科学性、系统性，并且在实践层面具有实用价值和可操作性。

第一，体现人海和谐的发展目标。海洋生态文明建设是我国经济社会发展的新的重要领域，之前社会经济发展的成就中有相当一部分是靠牺牲海洋资源环境和子孙后代的发展机会而获得的。高开采、低利用、高排放的传统粗放扩张型海洋经济增长方式，使得海洋资源和生态环境问题日益凸显，近海渔业资源衰退，近海水域污染严重，海洋生态环境恶化和海洋灾害频发等问题备受世人瞩目。海洋生态文明建设是解决目前人类与海洋尖锐冲突、建立和谐的人与海洋关系的最有效途径。

第二，先进理念和科学技术的引导支撑。海洋资源的总量是恒定的、有限的，而人才和知识的潜力则是无穷无尽的，是最可再生的资源。丰富的人力资源和科学技术是人类可持续发展最强大的动力和源泉。因此，海洋生态文明评价指标体系的构建必须体现我国海洋事业对海洋科技知识资源和人力资源的重视，使知识要素成为加快海洋经济发展最主要的推动力。必须依靠海洋科技创新，建立符合我国国情的、现代化的海洋生态文明技术支撑体系。

第三，体现海洋生态文明建设工作的全面性和系统性。海洋生态文明建设是一项复杂的系统工程，涉及资源开发、社会管理、经济运行、精神文化等诸多方面，各部分之间既相对独立，又常有交叉联系。因此，评价指标体系的设计构建应根据系统的结构和层次，全面反映海洋生态可持续发展的各个方面，尽量客观地描述系统发展的状态和程度，并在不同层次上采用不同的指标，使指标体系结构清晰分明，从而有利于决策者对系统进行有效的统筹配置与优化。指标体系作为一个有机整体是多种因素综合作用的结果。因此，海洋生态文明建设评价指标体系应反映影响海洋可持续发展的各个方面，从不同角度反映出被评价系统的主要特征和状况。对于要表述的各个子系统，应结合海洋生态文明建设的重要环节和过程，选取具有突出代表性和典型性的指标，避免选择意义相近乃至重复的指标，使指标体系简洁易用。

第四，注重指标体系的可比性和实用性。指标体系的设计构建应充分考虑到数据的可获得性和标准量化的难易程度，尽量选取可量化的指标，对于难以量化但其影响意义重大的指标，也可以用定性指标来描述，坚持定量与定性相结合。同时，指标数据来源要准确可靠，处理方法要科学简化，这也是指标设计需要注意的问题。另外，指标的设置要简单明了，容易理解，要考虑数据取得的难易程度及可靠性，最好是利用现有统计资料，尽可能选用具有充分代表性的综合指标和重点指标。评价指标设置的最终目标是指导、监督和推动海洋生态文明建设，因此，指标的可比性和评测结果的实用性是指标体系设计构建的基本原则。

6.4.2 构建海洋生态文明建设评价指标体系框架

我国海洋生态文明建设是由海洋生态意识文明、海洋生态行为文明、海洋生态产业文明、海洋生态道德文明以及海洋生态制度文明等五大基本内容构成。构成要素主要有17项，分别是提升海洋教育水平，海洋综合知识普及与宣传，海洋文化发展与普及，海洋生态环境保护，沿海居民生产生活水平，近海地貌改造工程，沿海区域城市化率，海洋经济发展状态，新兴战略型海洋产业，循环经济发展状态，海洋科技产业水平，海洋遗迹、遗产保护与传承，珍稀物种救护与繁育，涉海职业就业水平，海洋管理类法律法规制定与落实，海洋事务管理能力，海洋综合执法效能。为了推进以上五大基本目标的实现，必须将每项目标细化为多个具体可操作、可量化的细分指标。因此，在参考借鉴了大量专家建议和学者著作的基础上，设计了共计33项可测度指标进行评价，评价指标体系框架参见表6-1。

表 6-1 　　　　　　　　　海洋生态文明建设评价指标体系

目标层	基准层（B）	要素层（E）	要素指标层（F）
海洋生态文明建设评价指标体系	B1海洋生态意识文明	E1海洋教育水平	F1海洋教育招生比重指数
			F2海洋教育经费投入比重指数
		E2海洋综合知识普及与宣传	F3海洋相关展览单位占比指数
		E3海洋文化发展与普及	F4海洋文化产业产值比重指数
			F5海洋文化事业投入比重指数
	B2海洋生态行为文明	E4海洋生态环境保护	F6单位废水排放量产值指数
			F7海洋环境保护投入比重指数
		E5沿海居民生产生活水平	F8海洋知识宣传教育活动及海洋文化活动参加比重指数
			F9居民年均收入指数
			F10居民年均消费指数
		E6近海地貌改造工程	F11围填海工程数量指数
			F12近海天然湿地保有率指数
			F13自然岸线保有率指数
		E7沿海区域城市化率	F14城镇人口占比指数
			F15城镇人口增长指数
	B3海洋生态产业文明	E8海洋经济发展状态	F16海洋经济增长指数
			F17海洋经济占比指数
		E9新兴战略性海洋产业	F18新兴海洋产业产值增长指数
			F19新兴海洋产业产值比重指数

目标层	基准层（B）	要素层（E）	要素指标层（F）
海洋生态文明建设评价指标体系	B3海洋生态产业文明	E10 循环经济发展状况	F20单位能耗产值指数
			F21循环经济投入指数
		E11 海洋产业科技水平	F22 单位海岸线海洋产业增加值/（亿元·km⁻¹）指数
			F23海洋科技投入占比指数
	B4海洋生态道德文明	E12 海洋遗迹、遗产保护与传承	F24海洋遗迹遗产发掘、存世比重指数
			F25海洋遗迹、遗产展览馆（点）指数
		E13珍稀物种救护、繁育	F26珍稀、濒危物种的赋存指数
		E14涉海职业就业水平	F27涉海就业增长指数
	B5海洋生态制度文明	E15海洋管理类法律法规制定与落实	F28海洋管理制度的建立与完善指数
			F29用海单位海洋生态保护管理责任制制定占比指数
		E16海洋事务管理能力	F30海域管理投入比重指数
			F31海域争议仲裁结案率指数
		E17海洋综合执法效能	F32海洋行政执法案件结案率指数
			F33海洋生态损害责任追究完成率指数

（1）海洋生态意识文明指标

F1 海洋教育招生比重指数=本年度海洋专业招生数量占总招生数的比重/上年度海洋专业招生数占总招生数的比重。该指标反映人才培养对海洋生态文明建设的支持力度。

F2 海洋教育经费投入比重指数=本年度海洋专业教育经费占全部专业教育投入的比重/上年度海洋专业教育经费占全部专业教育投入的比重。该指标反映教育投入对海洋生态文明建设的支撑水平。

F3 海洋相关展览单位占比指数=本年度海洋门类展览馆、博物馆完工、开业数量占全部门类展览馆、博物馆完工、开业数量/上年度海洋门类展览馆、博物馆完工、开业数量占全部门类展览馆、博物馆完工、开业数量。该指标反映社会教育、公益组织对海洋生态文明建设的扶持关注力度。

F4 海洋文化产业产值比重指数=本年度海洋文化产业产值占全部产业产值比重/上年度海洋文化产业产值占全部产业产值比重。该指标反映海洋文化产业在全部产业门类中的成长水平。

F5 海洋文化事业投入比重指数=本年度政府对海洋文化产业经费投入占政府全部文化事业经费投入的比重/上年度政府对海洋文化产业经费投入占政府全部文化事业经费投入的比重。该指标反映政府对海洋文化产业发展的重视程度。

（2）海洋生态行为文明指标

F6 单位废水排放量产值指数=本年度单位废水排放量对应GDP产出比重/上年度单位废水排放量对应GDP产出比重。该指标反映排污企业集约化用海水平。

F7 海洋环境保护投入比重指数=本年度用于海洋生态修复和海洋环境保护的总投入/上年度用于海洋生态修复和海洋环境保护的总投入。该指标反映评价地区对海洋环境保护事业的支持力度走向。

F8海洋知识宣传教育活动及海洋文化活动参加比重指数=本年度组织海洋知识宣教活动次数及参加人数/上年度组织海洋知识宣教活动次数及参加人数。该指标反映海洋教育活动的频率及社会反馈水平。

F9居民年均收入指数=本年度居民年均总收入/上年度居民年均总收入。该指标是反映评价地区居民生活水平的重要参考。

F10居民年均消费指数=本年度居民年均总消费/上年度居民年均总消费。该指标是反映评价地区居民消费水平的重要参考。

F11围填海工程数量指数=本年度批准、动工围填海工程总面积占全部建筑用地面积比重/上年度批准、动工围填海工程总面积占全部建筑用地面积比重。该指标是反映海域地貌改造程度的重要指标。

F12近海天然湿地保有率指数=本年度近岸海域天然湿地面积/上年度近岸海域天然湿地面积。该指标是反映人类行为带来的生态变动水平。

F13自然岸线保有率指数=本年度海域自然海岸线长度占陆地岸线总长度的比重/上年度海域自然海岸线长度占陆地岸线总长度的比重。该指标反映的是涉海行为对岸线地貌的影响情况。

F14城镇人口占比指数=本年度城镇人口占全域人口比重/上年度城镇人口占全域人口比重。该指标反映的是沿海地区城镇化水平。

F15城镇人口增长指数=本年度新增城镇人口占全域人口比重/上年度新增城镇人口占全域人口比重。该指标反映的是沿海地区城镇化发展的速度。

（3）海洋生态产业文明指标

F16海洋经济增长指数=按照可比价格计算的本年度海洋产业增

加值/按照可比价格计算的上年度海洋产业增加值。该指标反映海洋经济自身的增长变动水平。

F17海洋经济占比指数=（按照可比价格计算的本年度海洋产业增加值/按照可比价格计算的本年度地区生产总值）/（按照可比价格计算的上年度海洋产业增加值/按照可比价格计算的上年度地区生产总值）。该指标反映相对于陆地经济而言，海洋经济产出能力的提升水平。

F18新兴海洋产业产值增长指数=按照可比价格计算的本年度新兴海洋产业增加值/按照可比价格计算的上年度新兴海洋产业增加值。该指标反映新兴海洋产业自身的增长变动水平。

F19新兴海洋产业产值比重指数=（按照可比价格计算的本年度新兴海洋产业增加值/按照可比价格计算的本年度海洋产业增加值）/（按照可比价格计算的上年度新兴海洋产业增加值/按照可比价格计算的上年度海洋产业增加值）。该指标反映相对于传统海洋经济而言，新兴海洋经济产出能力的提升。

F20单位能耗产值指数=［按照可比价格计算的本年度地区生产总值/本年度总能耗（吨标准煤）］/［按照可比价格计算的上年度地区生产总值/上年度总能耗（吨标准煤）］。该指标反映经济发展中能源利用效率的提升水平。

F21循环经济投入指数=本年度循环经济扶持总投入/上年度循环经济扶持总投入。该指标反映对循环经济发展的扶持力度。

F22单位海岸线海洋产业增加值/（亿元·km^{-1}）指数=本年度单位海岸线海洋产业增加值/上年度单位海岸线海洋产业增加值。该指标反映单位海岸线利用效率提高水平。

F23海洋科技投入占比指数=本年度海洋科技投入占全社会科技总投入比重/上年度海洋科技投入占全社会科技总投入比重。该指标反映科研资金对海洋生态文明建设的扶持力度。

（4）海洋生态道德文明指标

F24海洋遗迹遗产发掘、存世比重指数=本年度发掘、发现海洋遗迹遗产数量/上年度海洋遗迹遗产存世数量。该指标反映对海洋遗产的保护水平。

F25海洋遗迹、遗产展览馆（点）指数=本年度海洋遗迹类展览单位开放频次/上年度海洋遗迹类展览单位开放频次。该指标反映海洋历史传承、教育活动的重视程度。

F26珍稀、濒危物种的赋存指数=本年度珍稀、濒危生物种类/上年度珍稀、濒危生物种类。该指数反映海洋生态文明建设中生物资源的丰度水平。

F27涉海就业增长指数=本年度涉海产业就业总人口/上年度涉海产业就业总人口。该指标反映涉海产业就业容量的增长水平。

（5）海洋生态制度文明指标

F28海洋管理制度的建立与完善指数：本年度海洋管理机构部门法规建立与完善数量/上年度海洋管理机构部门法规建立与完善数量。该指标反映海洋行政主管部门层面海洋生态制度文明水平。

F29用海单位海洋生态保护管理责任制制定占比指数=本年度落实生态保护管理责任制用海单位数量/上年度落实生态保护管理责任制用海单位数量。该指标反映企业层面生态制度建设水平。

F30海域管理投入比重指数=本年度政府用于海域管理事务的总投入/上年度政府用于海域管理事务的总投入。该指标反映国家或者地区政府对海域管理事业的重视程度。

F31海域争议仲裁结案率指数=本年度海域争议仲裁结案率/上年度海域争议仲裁结案率。该指标是反映政府机构在海域管理方面效能的重要指标。

F32 海洋行政执法案件结案率指数=本年度海洋行政违法案件结案率/上年度海洋行政违法案件结案率。该指标是反映海洋执法机构执法监督效能的重要指标。

F33 海洋生态损害责任追究完成率指数=本年度已结案的海洋生态损害赔偿案件/本年度所有海洋生态损害赔偿案件。该数据是反映生态损害赔偿机制运行效率的重要指标。

6.4.3　形成海洋生态文明建设评价方法

评价指标体系是衡量海洋生态文明建设成就的标尺，一套科学合理且易于操作的评价指标体系对我国海洋生态文明建设的管理、决策和实施具有重要的意义。本研究选取了33个要素指标来构建海洋生态文明建设评价指标体系，对指标体系内的各项指标进行赋权以后，这套指标体系不仅可用于国家海洋生态文明建设评价，也能够应用于区域海洋生态文明建设的评价工作。我国海洋状况复杂，区域发展差异较大，各地区可以根据自身的实际情况制定赋权标准。并运用包括纵向综合评价和横向综合评价在内的多种方法进行类比和计算，将海洋生态文明建设评价指标体系的作用发挥到最佳效果，更加科学、准确地指导我国海洋生态文明建设工作。

（1）要素指标赋权

海洋生态文明建设评价指标体系共5个基准层、17个要素层和33项要素指标。综合评价体系的运行依赖于对每个要素层和每项要素指标赋予相应的权重。建议采用专家判断（德尔菲法）与层次分析法（AHP）相结合的方法确定指标权重。德尔菲法是美国兰德公司创造的，多年来在全世界广泛使用，体系已非常成熟。该方法的主要特点是能够充分地让专家自由地发表个人观点，能够使分析人员与专家的意见相互反馈。一般经过二至三轮问卷调查，即可使专家的意见逐步取得一致，从而得到对多项事务或者方案符合实际的结论判断。层次分析法（Analytical Hierarchy Process，AHP），是由美国统计学家萨迪（T.L.Saaty）提出的一种简明的、实用的定性分析和定量分析相结合的分析方法，主要用于以比较为主的选择。层次分析法的总体思路是使定性分析与定量分析有机结合，实现定量化决策。

（2）横向综合评价

横向综合评价是指对某个时间断面上不同的区域进行比较和评价。通过横向综合评价可以直观地发现不同区域在海洋生态文明建设过程中的差异，通过相互借鉴，取长补短，促进地区间的平衡发展，从整体上推进海洋生态文明建设。

由于该指标体系重点反映的是区域内纵向的自我发展状态，区域间比较的结论只能反映出纵向发展动力或者能力上谁更处于优势，而对于区域间海洋生态文明建设的成就现状所处的位置并不能客观呈现。所以，如果进行海洋生态文明发展位势评价，需要对指标计算进行相应的调整，比如对沿海多个省市进行发展位势比较，可以选取其中发展位势最差的某省作为参照系，指标计算公式中所有的上年度指标替换为该省本年度相应指标即可。

（3）纵向综合评价

纵向综合评价方法能够直观地反映目标区域在当前海洋生态文明建设中所取得的成绩和问题，在运用海洋生态文明评价指标体系过程中，对目标区域采用纵向比较分析是综合评价的主要方法。本评价体系中指标的设定单位绝大多数都是指数形式，所以在综合评价中不存在量纲的不一致问题。每项指标都围绕1波动，当指标值大于1时，表明本指标朝着促进海洋生态文明建设的方向发展；当指标值小于1时，表明本指标正在抑制海洋生态文明建设的发展。

在数据完全准确、支撑性良好的情况下，我们可以计算每一年的每一要素指标、每一要素层和每一基准层以及整个海洋生态文明建设的水平。然后针对某个时间阶段海洋生态文明建设的具体步骤具体分析，以此为基础指导该区域未来海洋生态文明建设工作。

6.5　促进海洋生态国际合作

海水的流动性和海洋环境的复杂性决定了海洋事务不能单独依靠任何一个国家自身的力量来解决和完成。因此，我国应当根据海洋生态的实际情况，在共建"一带一路"倡议的引领下，积极与域内国家进行双边、多边合作，加强国际互动，统一建设步伐，从而推动海洋生态文明建设成果落到实处。加强海洋生态文明建设，强化国际合作，对于所有参与国家和地区来说，都是一项互利共赢的生存空间优化工程，也是推动我国建立安全高效的开放型经济体系的一个重要途径，但是，由于合作双方信息不对称、利益诉求不同等原因，合作机制存在一定程度上的障碍，可以说机遇与挑战并存。当前全球化浪潮影响着由海洋连接彼此的每一个国家，可以说，仅靠一国之力量是很难彻底完成海洋生态文明建设课题的。因此，全面推进海洋生态领域的国际合作与交流，是体现海洋生态文明建设整体性和系统性的必然选择。要把海洋生态文明建设纳入海洋开发总布局之中，坚持节约优先、保护优先、自然恢复为主的方针，妥善处理高质量发展和高水平保护的关系，推进基于生态系统的海洋综合管理，科学合理开发利用海洋资源，维护海洋自然再生产能力。要让人民群众吃上绿色、安全、放心的海产品，更好享受碧海蓝天、洁净沙滩，持续增强人民群众对海洋强国建设的获得感。

6.5.1 借鉴国外海洋生态文明建设发展经验

与世界发达国家相比，我国的海洋生态文明建设起步较晚，从历史来看，受国际形势、经济政治体制以及地缘政治因素的影响，我国逐渐形成了"条块结合、以块为主、分散管理"的海洋生态监管体制，随着海洋经济的快速发展，海洋公共事务的叠加和海洋环境问题带来的"溢出效应"与"区域扩散"使得传统管理体制愈来愈无法适应目前海洋事业的内在需求，甚至成为我国建立"现代化生态文明制度体系"的体制瓶颈。当前我国在经济基础、产业结构、法律体系、人才培养等方面需要不断向先进国家学习，借鉴其成熟的发展经验，加大政府的政策扶持和投入力度，夯实我国海洋生态文明阶段的现代化管理体系基础，才能尽早实现海洋生态文明建设领域的弯道超车。

在海洋空间资源规划领域，邻国韩国在海洋气候、地理结构、产业发展等方面均与我国有非常高的相似性，其经验借鉴价值也较高。韩国将海洋空间管理制度的基本原则设定为综合性、空间性和基于海洋生态系统的管理，在将其纳入规划过程前了解以客观依据为中心的管理体系、生态系要素、人类影响和行为间的相互作用。通过开展示范工程、建立海洋空间调查和信息体系、开发并应用基于海洋生态系统的管理方法、设定示范海域的核心价值和目标以及促进利害关系人的参与等流程，强化海洋空间管理制度。[①]此外，韩国在海洋生态系统服务价值评估方法和基于GIS的海洋空间管理手段应用等方面的经验，也值得我国在海洋功能区划方法研究方面借鉴和参考。

在海洋生态管理体系的现代化方面，美国的经验也非常值得借鉴和参考。美国地域面积仅次于我国，但海域面积和海岸线却超过我

---

① 王泉斌. 韩国京畿湾示范工程海洋空间规划的经验与启示 [J]. 海洋开发与管理，2017，34（10）：85-88.

国，其管理难度和复杂性与我国非常近似。目前，美国在中央政府层面成立了综合化的海洋环境管理与协调机构，即国家海洋和大气管理局与国家海洋委员会，同时将海洋环境管理的职能分散于环保署、农业部、运输部等多个部门，联邦政府层面的海洋环境管理体制呈现出综合管理为主与分工管理为辅的特点。[①]这种通过强化海洋综合主管部门、科学布局海洋部门职能、明确部门职责分工的做法，是世界各国海洋事务管理机构改革的主要方向和趋势。

在海洋人才培养方面，各海洋强国、地区和组织均把海洋人才培养放在国家海洋战略中十分重要的地位。例如，荷兰的万豪应用技术大学设置了海岸带管理本科专业，学制为四年。学生通过学习，能够平衡海岸带地区各种社会经济活动的潜在利益冲突，了解海岸带生态系统保护的重要性。其课程体系涉及范围较广，不仅包括海岸带生态、渔业、经济、旅游、工程规划等内容，还教授学生沟通技能，使学生成为海岸带管理方面的通才。另外，欧盟委员会发布的《欧盟海洋综合政策（蓝皮书）》提出，如果想让海洋行业能够吸引留住欧洲的人才，就应该制定完善的人才政策，推进"优秀海洋人才认证"制度，并将其作为"欧盟海洋综合政策"的优先行动领域。可以看出，世界各国均加强了对高层次海洋人才的争夺及对大众的海洋教育，为本国海洋事业的发展提供充足的人才保障。

系统地学习先进国家海洋生态文明理念与实践办法，借鉴欧洲、美国等发达国家海洋生态管理经验，需要我们不断加强与世界各国的交流与合作。在学习和交流中厘清各国海洋生态文明在理念与实践中的差异，在结合我国海洋生态发展阶段的基础上，有针对性地借鉴、学习其经验并不断优化其实践做法，为我国海洋生态文明建设提供最

---

① 吕建华，罗颖. 我国海洋环境管理体制创新研究［J］. 环境保护，2017，45（21）：32-37.

科学、最有效的指导。

6.5.2 夯实海洋生态领域国际交流基础

搭建交流平台。近年来，我国相关政府部门通过与国际相关组织、海洋国家和地区进行合作，积极开展海洋生态领域的调查研究，在海洋生态文明建设的国际会议、谈判中掌握了更多的主动权。今后一段时期，我国首先应抓住当前的合作机遇，在原有的合作基础上，进一步完善我国政府部门与国际社会和世界先进科研机构的合作，在稳固之前已经形成的政府、院校、科研机构国际合作平台的基础之上，进一步提高该合作平台的稳定性，增强该合作平台的专业性，逐步完善平台的组织结构；其次要加强对专业人员的培养，不断充实该平台的海洋生态科研人才数量和专业性，不断扩充该团队的人员储备；最后，要加强与海洋生态科技企业的合作，不断细化该合作团队的分工，逐步建立一支分工细密、机构合理的专业化团队，为我国在海洋生态领域国际合作中参与决策讨论提供强有力的智力支撑。

倡导互利共赢原则。在和平与发展的主题下，合作共赢的国际合作越来越受到各国的广泛青睐，生活在地球两端的人民开始在生产生活的各个领域广泛进行合作。伴随着人口增长和经济的发展，随之而来的资源的严重缺乏和环境的严重污染破坏问题受到全世界的广泛关注。在国际合作原则的指导下进行国际海洋生态合作无疑是海洋生态文明建设的最佳选择。近海湿地退化、红树林面积锐减、全球气候变暖、海洋生物多样性锐减、全球海平面升高等生态灾害的频繁发生都对各国的生存发展构成巨大的威胁。由于人类处于同一个地球生态系统之中，并且海洋生态问题的发生往往是超越一国国界的，这就为各国在海洋生态文明建设领域进行国际环境合作提出更为迫切的需求。

实践证明，要想更有效地保护环境，实现可持续发展，积极进行国际环境合作是各国最正确的选择。人类处于同一个生态系统之中，这个生态系统中的各个要素、各种资源无法通过区域划分的方式由各个国家分别独立享有，该生态系统作为一个整体，只能由全人类，各个主权国家共同享有，共同予以保护，这就要求各海洋国家通过国际生态合作的方式对地球上的海洋生态进行保护，共同应对各类海洋生态问题。作为国际海洋保护法领域的一项基本原则，国际生态合作原则的发展和有效执行关系到全人类未来发展的命运。互利共赢，就是要促进所有参与合作国家的海洋生态文明的达成。正如《里约环境与发展大会宣言》（又称《地球宪章》）所言："各国应本着全球伙伴精神，为保存、保护和恢复地球生态系统的健康和完整进行合作。"各国、各国际组织以及各国际法主体参与国际海洋生态合作的直接目标和动力就是为了维护甚至扩大自己的利益，实现"合作共赢"，这不仅是国际环境合作原则的宗旨，也是国际海洋生态合作原则得以顺利进行的必要条件。

搁置争议，共同建设。在我国处理与周边沿海国家的海域划界争议与海洋生态保护和海洋资源利用等问题时，一贯秉承"搁置争议、共同开发"的外交原则。这是充满哲学智慧的原则，充分展现了我国坚持人类命运共同体的理念。在与周边海洋国家关于海域划界争议的处理上，必须坚决捍卫我国的主权和领土完整，在领土、海域的划分上绝不妥协，但是对于争议海域海洋生物资源的开发利用和保护，我国要从大局出发，积极开展绿色外交，实现对海洋生物资源的有效保护。因此，在争议海域海洋生物资源保护的国际合作问题上，在具体的谈判过程中，我国要继续贯彻"搁置争议、共同开发"的外交原则，积极与周边沿海国家开展谈判并进行协商，在维护我国主权和领土完整的基础之上通过区域合作的方式，共同进行对海洋生物资源的开发利用保护。

建立专业化生态合作机构。无论是交流平台还是原则框架，都是海洋生态文明建设国际合作的交流基础和行为准则，实践中还需要有一个负责交流成果落实和具体措施行动的执行机构。因此，应当建立一个以保护海洋环境、维护生态文明为宗旨的强力执行机构，为履行共识而研究区域海洋环境、制定行动计划、实施污染治理项目和措施，在组织的框架下，对各国的海洋生态文明建设进行协调监管。由于合作机构是合作各国为海洋生态文明建设而建立的专门性区域合作组织，是在国家缔结框架公约和议定书的基础上开展相应的合作活动，因此，该组织性质为政府间合作组织。合作组织可设立"合作组织大会""秘书处"以及"专门委员会"等机构。其中"合作组织大会"是组织的最高权力机构和决策机构，由合作国的政府代表组成，通过召开大会来决策合作计划，开展合作事务，并对各国工作进行监督；"秘书处"则主要负责制定合作计划，为合作各国间创造交流平台，完善和发展各国在海洋生态文明建设间的合作等具体事务；"专门委员会"通过成立专门小组来解决合作中的具体问题，如"污染事故小组"处理海上污染问题，"仲裁小组"负责纠纷事件的处理等。这类机构的建设需要在联合国海洋管理的框架指导下，各国以积极的态度进行磋商协调，更需要参与国在人力、物力等方面提供一定的支持。海洋命运共同体是人类命运共同体理念在海洋领域的具体实践。当前全球海洋治理制度性话语权的争夺日趋激烈，我们正迎来新型国际海洋秩序构建的重要窗口期。蓝色伙伴关系不断拓展深化，蓝色经济合作向全方位多层次纵深发展，海洋成为国际交流合作的重要主题。要促进海上互联互通和各领域务实合作，推动蓝色经济发展，推动海洋文化交融，共同增进海洋福祉。

6.5.3 积极开展海洋生态事务国际合作

全球海洋治理体系正在面临深刻变革，治理规则和秩序面临深度调整，"海洋的和平安宁关乎世界各国安危和利益"。新的历史方位要求我们更加积极有为地参与全球海洋治理，贡献更多中国智慧和中国方案。随着我国综合实力和国际地位的不断提升，海洋治理愈发成为新时代中国彰显大国责任的重要舞台。"海洋命运共同体""蓝色伙伴关系"等海洋治理理念，得到国际社会的广泛关注和高度评价。海洋生态系统的健康和海洋环境的安全是开展所有海洋国际事务的前提。当前，对世界海洋生态安全造成最大威胁的是海洋生态灾害和海上恐怖主义活动。研究表明，目前全球的五大"恐怖水域"（西非、东非索马里沿岸、红海和亚丁湾一带、孟加拉湾沿岸、马六甲海峡和整个东南亚水域），都是我国远洋航行的必经之地。随着中国国际义务和责任的增加，我国也亟须提高海军的远洋投送能力，以便输送救援和人道主义力量，执行反恐和反海盗任务。同时，我国可以与周边国家一道在东南亚地区就打击海盗和恐怖主义、海上救援与医疗、海洋生态环境保护、海洋生物资源利用等方面进行积极合作，这必将有利于加强与域内各国在安全领域的互信。并且，随着东南亚和韩国、日本等国近年来海军能力的显著增强，我国若采取强调共同经济利益和生态对话、人员交流等对策，可以向世界展现我国专注民生、和平发展的形象，不断贡献中国智慧和中国方案。

从官方的国际合作看，在信息交流方面，可借助"一带一路"合作伙伴适时互换对我国海洋生态安全有益的相关信息和情报，实现陆地生态信息和海洋生态安全信息的共享，为海洋生态信息平台搭建提供支持。在海洋资源开发利用合作方面，既要时刻关注来自各方影响中国海洋生态安全的污染源，也要引进先进技术，争取资金，防治、监控影响全球海洋生态安全的污染源，必要时还可与"21世纪海上丝绸之路"沿线各国开展海洋渔业等方面的合作。在增强我国海洋生态保护力量的同时，实现各国合理、有序、适度地开发和利用海洋资源，以促进海洋经济可持续发展，从而反过来助推"一带一路"的可持续发展。在国际合作相关机制建立方面，周边地区是中国未来环境与发展合作最直接、最相关的空间，如中国与东盟就可以将合作机制的重点放在研究建设绿色海上丝绸之路上，加强与东盟国家在海洋生态环境保护方面的合作。尊重各国多样化的海洋发展理念，健全多层次对话合作机制，加强发展战略和合作倡议对接，构建开放包容、具体务实、互利共赢的蓝色伙伴关系。高质量推进"21世纪海上丝绸之路"建设，与沿海国家开展全方位、多领域、深层次的双边多边合作。秉持海洋命运共同体理念，深度参与并支持全球海洋治理，为国际社会提供更多公共服务产品和治理方案，不断扩大"蓝色朋友圈"，携手共建和平之海、繁荣之海、美丽之海。

从非官方的交流看，非政府组织作为联系政府与公众的桥梁，其在国际交流中的作用更加多面、更加灵活。一方面可以在海洋生态安全保护中发挥政府难以发挥的作用，扩大资金来源渠道，为海洋生态安全保护提供相应的资金支持等，同时官方涉海合作机制的构建，实质上也起着维护及监督的反作用；另一方面通过非官方的国际交流、灵活引进先进的技术和设备、学习国外先进的海洋生态治理理念和经验等，尤其是国际非政府组织还能更好地避开政治和军事等敏感领域，成为官方相关体制或制度在对外合作中得以实现的具体载体及合作工具，促进海洋生态安全。实现这种非官方渠道的国际交流不仅是为了助力解决我国海洋生态文明建设现存问题，更是为了增加我国在国际海洋事务中的话语权，进而以良好的大国形象增加国际社会对"一带一路"绿色化的认可度，在保障海洋生态安全多元合作的同时保障"一带一路"倡议中的多边合作。

6.5.4　加强海洋生态科技及人才交流

科学技术交流堪称含金量最高的国际合作，是未来海洋生态国际合作中的重头戏。海洋科技创新及高新科技产业的不断发展为全球海洋生态保护、海洋经济发展等一直发挥着积极的作用。我国的海洋科学研究起步较晚，在国际竞争中处于不断学习和上升的关键时期，需要大量优秀乃至顶尖科学工作者、生态环境专家、公共管理专家等各类人才的共同参与。从业人员的充分交流是完善海洋生态文明建设国际合作的切实保障。在新时期，我国可以从以下几个方面重点展开海洋科技领域的国际合作和人才交流：

第一，不断巩固和加强与发达国家之间的海洋生态科技合作。发达国家在海洋生态保护、海洋资源可持续利用等方面积累了大量先进的技术和经验，在海洋生态综合管理方面有着较为完备的管理经验，特别是最近十几年科技应用和环保理念不断升级，其现代化海洋生态管理体系非常值得发展中国家借鉴和学习。所以，我国要加强与发达国家在这方面的合作，借鉴发达国家的先进经验，特别是在海洋生态环境保护、海洋生物资源开发利用技术的创新等方面加强合作，在合作中不断提升我国海洋生态文明建设的科学化和海洋管理体系的现代化水平。

第二，加强同周边海洋国家的海洋生态文明建设的交流与合作。邻国日本、韩国等国家与中国隔海相望，是一衣带水的邻邦。在海洋生态环境、海洋生物资源以及海洋科学的研究方面有着很多共同点和共同关注的问题。与他们展开国际合作，在面对海洋生态问题时协调解决的可能性更大，同时可以在合作与交流中增进互信，不断延展海洋合作范围。瞄准深水、绿色、安全，集中力量突破海洋油气开发、海洋环境安全保障等领域关键技术和装备瓶颈。强化国家战略科技力量，积极推进国家实验室、国家重点实验室、技术创新中心等创新平台建设，统筹协调海洋观测及设施建设、海洋科学调查、海洋科学数据管理等共建共用共享。完善海洋科技成果信息共享机制和公共服务平台，加快海洋科技成果产业化，提高科技成果转移转化效率。

第三，积极参与各国际海事组织的海洋生态领域的科技合作。利用我国的发展中国家地位，积极争取更多的资金和技术援助，积极培养更多科技专业人才，实施"走出去"和"引进来"的发展战略。鼓励和促进人才参与到国际机构和国际组织的相关工作中，推荐优秀人才到国际机构和国际组织中正式任职，尤其是竞争高级别职位。在人才"引进来"方面，应与海内外高校、研究机构、行业协会和专业团体建立合作关系，注重人才库的建设，尤其对急需紧缺人才要通过特殊人才引进机制留下来，全力支持其科研项目落地生根。同时加强对外谈判人才队伍建设。随着国际履约、环境与贸易、国际生态保护合作机制等谈判的常态化发展，需要以外交谈判和国内环境管理的双重需求为导向，强化国际谈判队伍的专业化建设，培养一批具有较强对外交涉能力、具有海洋生态专业背景、掌握国际海洋规则的谈判专家，为我国海洋生态文明建设参与国际竞争提供智力支撑。

7

研究结论与展望

建设生态文明，关系人民福祉，关乎民族未来。全方位、高标准地建设海洋生态文明，既是优化海洋产业布局，突破发展瓶颈，助力共建"一带一路"倡议，建设海洋强国的关键保障，也是净化生存空间，提升自身竞争实力，建设美丽中国的应有之义。

7.1 研究结论

我们党始终高度重视生态文明建设，在不同时期着力解决人与自然关系的矛盾，领导人民群众解决生存与发展的前提性问题。新中国成立后，以毛泽东同志为主要代表的中国共产党人，发出了"绿化祖国"的号召。改革开放以来，以邓小平同志为主要代表的中国共产党人，把环境保护确定为基本国策，强调要在资源开发利用中重视生态环境保护。以江泽民同志为主要代表的中国共产党人，将环境与发展统筹考虑，把可持续发展确定为国家发展战略。以胡锦涛同志为主要代表的中国共产党人，把节约资源作为基本国策，强调发展的可持续性。进入新时代，以习近平同志为核心的党中央把生态文明建设作为统筹推进"五位一体"总体布局和协调推进"四个全面"战略布局的重要内容，提出了一系列新思想新观点新论断，融汇了马克思主义哲学、政治经济学、生态学、社会学等多个学科的深刻学理，体现了中国式现代化独特的生态观。海洋生态文明是持续、健康的海洋事业之基石。党的十八届五中全会提出创新、协调、绿色、开放、共享的发展理念，进一步为我国海洋生态文明建设提供了有力政策导向。党的二十大报告作出"发展海洋经济，保护海洋生态环境，加快建设海洋强国"的战略部署。以习近平同志为核心的党中央审时度势、高瞻远瞩，将海洋强国建设作为推动中国式现代化的有机组成部分和重要战略任务，为我们推动海洋经济高质量发展、推进海洋强国建设指明了方向。2023年7月17日，习近平总书记在全国生态环境保护大会上总结了新时代我国生态文明建设发生的"四个重大转变"，即由重点整治到系统治理的重大转变、由被动应对到主动作为的重大转变、由全球环境治理参与者到引领者的重大转变、由实践探索到科学理论指导的重大转变。"四个重大转变"是对新时代生态文明建设巨大成就的全面总结。新征程上，我们要深入学习领会习近平生态文明思想的道理学理哲理，把建设美丽中国摆在强国建设、民族复兴的突出位置，为共建清洁美丽世界作出中国贡献。

我国海洋生态文明建设是中国共产党人在认识海洋、经略海洋的实践探索中形成的符合时代发展规律的伟大实践。马克思恩格斯的海洋思想、马克思恩格斯的生态自然观、可持续发展理论和生命共同体理论是我国海洋生态文明建设的思想渊源和理论基础。我国海洋生态文明建设的重点领域包括构建海洋生态意识文明、推动海洋生态行为文明、发展海洋生态产业文明、培育海洋道德文明、健全海洋生态制度文明。我国海洋生态文明建设应遵循其自身的开放性、整体性、协调性、持续性的特征，秉承以人为本、陆海统筹、政府主导和有序推进的原则。我国海洋生态文明建设是生态文明建设的逻辑必然、是海洋强国战略实施的重要保障、是人海协调发展的迫切需要、是海洋绿色发展的根本出路、是海洋经济发展的保障支持。改革开放以来我国海洋事业迅速发展，海洋生态文明建设成果颇丰，海洋产业发展、海洋生态文明示范区、海洋生态制度规范等发展如火如荼，但与此同时，也存在海洋环境压力趋紧、海洋生境退化加剧、建设主体多元化不足、海洋监管体系不完善、评价指标体系缺位和海洋生态文明建设国际交流合作欠缺等问题。海洋领域出现的一系列生态环境问题，严重制约了沿海地区经济社会的健康和可持续发展。通过强化全民海洋生态意识、推进海洋发展方式转变、提升海洋综合管理现代化水平、建立完善海洋生态文明建设评价指标体系、促进海洋生态国际合作等方式，加快我国海洋生态文明建设推进步伐。

7.2 研究展望

海洋作为地球上最大的生态系统，承担着支撑地球所有生命系统的重要任务。21世纪，人类进入了开发利用海洋与保护治理海洋并重的时期。海洋在保障国家总体安全、促进经济社会发展、加强生态文明建设等方面的战略地位更加突出。我国是海洋大国，海洋事业是我国经济社会发展的重要推动力和可持续发展的基础，是实现中华民族伟大复兴中国梦的重要支撑。加快建设海洋强国已成为中华民族伟大复兴路上的重要组成部分。努力建设海洋经济发达、海洋科技创新、海洋生态健康、海洋安全稳定、海洋管控有力的新型现代化海洋强国，已成为全民族的共识。不断地调整和优化产业结构，以科技创新为基础，以海洋生态建设为保障，科学开发利用海洋资源，是解决我国当前资源萎缩、环境恶化和经济增速放缓等问题的必然选择。推动海洋生态文明建设是造福当代、惠及后世的福祉工程，对海洋生态文明建设领域的研究是对中华民族生存和发展根本问题的探索。我国海洋生态文明建设研究是一项复杂、艰苦的学术研究，也是一项需要实践探索的系统工程。党的十八大以来，我国海洋生态文明建设取得重大进展，不仅从国家层面确立了海洋生态文明建设的地位，更在围填海管控、海洋生态文明示范区建设、海洋环境保护与修复等方面取得显著成效。当前中国仍处于"十四五"的关键阶段，海洋生态文明建设是中国实现海洋强国的关键步骤。我们要全面贯彻落实党的二十大精神，践行"人与自然和谐共生"的理念，深入贯彻落实习近平总书记关于发展海洋经济、建设海洋强国的重要论述和重要指示批示精神，积极践行习近平生态文明思想，深切领悟以中国式现代化全面推进中华民族伟大复兴的使命任务对海洋工作提出的更高要求，聚焦重点领域和关键环节，扎实推进各项重点任务，努力开创新时代海洋强国建设的崭新局面。

参考文献

[1] 白燕. 浅论海洋文化在建设海洋强国战略中的作用 [J]. 海洋开发与管理，2014，31（2）：46-49.

[2] 曹英志. 海洋生态文明示范创建问题分析与政策建议 [J]. 生态经济，2016（1）：207-211.

[3] 曾江宁，陈全震，黄伟，等. 中国海洋生态保护制度的转型发展——从海洋保护区走向海洋生态红线区 [J]. 生态学报，2016（1）：1-10.

[4] 陈东景. 海洋生态经济模型构建与应用研究 [M]. 北京：人民出版社，2015.

[5] 陈明义. 经略海洋 筑梦海洋——我国海洋强国建设的新成就 [J]. 海峡科学，2016（11）：51-54.

[6] 邓小平. 邓小平文选：第1-3卷 [M]. 北京：人民出版社，1994.

[7] 狄乾斌，何德成，乔莹莹. 海洋生态文明研究进展及其评价体系探究 [J]. 海洋通报，2018，37（6）：615-624.

[8] 蒂尔. 21世纪海权指南 [M]. 师小芹，译. 2版. 上海：上海人民出版社，2013.

[9] 范厚明. 国外海洋强国建设经验与中国面临的问题分析 [M]. 北京：中国社会科学出版社，2014.

[10] 方煜东. 陆海统筹推进海洋经济发展路径：以宁波-舟山海洋经济一体化开发为例［M］. 北京：海洋出版社，2013.

[11] 高兰. 中国海洋强国之梦［M］. 上海：上海人民出版社，2014.

[12] 高乐华. 我国海洋生态经济系统协调发展测度与优化机制研究［D］. 青岛：中国海洋大学，2012.

[13] 高新生. 中国共产党领导集体海防思想研究［M］. 北京：时事出版社，2010.

[14] 高雪梅，孙祥山，于旭蓉. "一带一路"背景下海洋文化对海洋生态文明建设影响力研究［J］. 广东海洋大学学报，2017，37（2）：84-88.

[15] 高燕，李彬. 海洋生态文明视域下的海洋综合管理研究［M］. 青岛：中国海洋大学出版社，2016.

[16] 格劳秀斯. 论海洋自由［M］. 马忠法，译. 上海：上海三联书店，2020.

[17] 关道明，马明辉，许妍. 海洋生态文明建设及制度体系研究［M］. 北京：海洋出版社，2016.

[18] 郭见昌. 我国海洋生态文明建设路径探究——基于综合视角［J］. 当代经济，2017（7）：90-91.

[19] 国家海洋局海洋发展战略研究所. 联合国海洋法公约［M］. 北京：海洋出版社，2013.

[20] 韩兴勇，杜贤琛. 浅议海洋文化与海洋经济协同发展［J］. 中国农学通报，2014（29）：75-80.

[21] 亨廷顿. 文明的冲突与世界秩序的重建［M］. 周琪，译. 北京：新华出版社，2009.

[22] 胡锦涛. 胡锦涛文选：第1—3卷［M］. 北京：人民出版社，2006.

[23] 江泽民. 江泽民文选：第1—3卷［M］. 北京：人民出版社，2006.

[24] 科贝特. 海上战略的若干原则［M］. 仇昊，译. 上海：上海人民出版社，2012.

[25] 肯尼迪. 大国的兴衰［M］. 王保存，王章辉，余昌楷，译. 北京：中信出版社，2013.

［26］ 来少峰. 新海权论：中国崛起的海洋之路［M］. 北京：电子工业出版社，2012.

［27］ 兰圣伟. 探索海洋生态文明建设新途径［N］. 中国海洋报，2016-08-25（A1）.

［28］ 雷光英，刘欣然，陈绵润. 我国海洋生态文明素养培育现状与发展对策［J］. 海洋湖沼通报，2022，44（5）：153-161.

［29］ 李加林，沈满洪，马仁锋，等. 海洋生态文明建设背景下的海洋资源经济与海洋战略［J］. 自然资源学报，2022，37（4）：829-849.

［30］ 李军. 走向生态文明新时代的科学指南：学习习近平同志生态文明建设重要论述［M］. 北京：中国人民大学出版社，2015.

［31］ 李明春，吉国. 海洋强国梦［M］. 北京：海洋出版社，2014.

［32］ 李双建. 主要沿海国家的海洋战略研究［M］. 北京：海洋出版社，2014.

［33］ 李思屈. 海洋文化产业［M］. 杭州：浙江大学出版社，2015.

［34］ 厉以宁. 读懂"一带一路"［M］. 北京：中信出版社，2015.

［35］ 廖兴谬，杨耀源. 大国海权兴衰启示录［M］. 北京：人民出版社，2014.

［36］ 列宁. 列宁选集：第1—4卷［M］. 中共中央马克思恩格斯列宁斯大林著作编译局，译. 北京：人民出版社，1995.

［37］ 刘家沂，肖献献. 中西方海洋文化比较［J］. 浙江海洋学院学报（人文科学版），2012（5）：1-6.

［38］ 刘健. 浅谈我国海洋生态文明建设基本问题［J］. 中国海洋大学学报（社会科学版），2014（2）：29-32.

［39］ 刘康. 海岛旅游可持续发展模式［M］. 青岛：中国海洋大学出版社，2002.

［40］ 刘敏. 人海和谐与海洋生态文明建设的实践逻辑［J］. 中国海洋社会学研究，2022（10）：169-182.

［41］ 刘明福，王忠远. 习近平民族复兴大战略［M］. 福建：海峡书局，2014.

［42］ 刘新华. 中国发展海权战略研究［M］. 北京：人民出版社，2015.

［43］ 罗新颖. 加强海洋生态文明建设的若干思考［J］. 发展研究，2015（4）：

77-80.

[44] 马克思, 恩格斯. 马克思恩格斯选集: 第1—4卷 [M]. 中共中央马克思恩格斯列宁斯大林著作编译局, 译. 北京: 人民出版社, 2012.

[45] 马英杰, 尚玉洁, 刘兰. 我国海洋生态文明建设的立法保障 [J]. 东岳论丛, 2015, 36 (4): 176-179.

[46] 毛泽东. 毛泽东选集: 第1—4卷 [M]. 北京: 人民出版社, 1991.

[47] 曲金良. 海洋文化概论 [M]. 青岛: 青岛海洋大学出版社, 1999.

[48] 曲金良. 中国海洋文化研究 [M]. 北京: 海洋出版社, 2008.

[49] 沈满洪, 毛狄. 习近平海洋生态文明建设重要论述及实践研究 [J]. 社会科学辑刊, 2020 (2): 109-115.

[50] 师小芹. 论海权与中美关系 [M]. 北京: 军事科学出版社, 2012.

[51] 史春林. 中国共产党与中国海权问题研究 [M]. 大连: 大连海事大学出版社, 2007.

[52] 苏文青. 海洋与人类文明的生产 [M]. 北京: 社会科学文献出版社, 2017.

[53] 苏勇军. 浙东海洋文化研究 [M]. 杭州: 浙江人学出版社, 2011.

[54] 孙剑锋, 秦伟山, 孙海燕, 等. 中国沿海城市海洋生态文明建设评价体系与水平测度 [J]. 经济地理, 2018 (8): 19-28.

[55] 孙倩, 于大涛, 鞠茂伟, 等. 海洋生态文明绩效评价指标体系构建 [J]. 海洋开发与管理, 2017, 34 (7): 3-8.

[56] 王丹. 马克思主义生态自然观研究 [M]. 大连: 大连海事大学出版社, 2014.

[57] 王宏. 我国海洋经济发展现状与展望 [J]. 海洋经济, 2016, 6 (4): 3-8.

[58] 王江涛. 我国海洋产业供给侧结构性改革对策建议 [J]. 经济纵横, 2017 (3): 41-45.

[59] 王立东. 国家海上利益论 [M]. 北京: 国防大学出版社, 2007.

[60] 王泉斌. 山东半岛蓝色经济区海洋生态文明建设现状与对策研究 [J].

中国海洋大学学报（社会科学版），2016（1）：18-23.

[61] 王义桅."一带一路"：机遇与挑战［M］.北京：人民出版社，2015.

[62] 习近平.高举中国特色社会主义伟大旗帜 为全面建设社会主义现代化国家而团结奋斗——在中国共产党第二十次全国代表大会上的报告［N］.人民日报，2022-10-26（1）.

[63] 习近平.习近平谈治国理政：第1卷［M］.北京：外文出版社，2014.

[64] 习近平.习近平谈治国理政：第2卷［M］.北京：外文出版社，2017.

[65] 习近平.习近平谈治国理政：第3卷［M］.北京：外文出版社，2020.

[66] 习近平.习近平谈治国理政：第4卷［M］.北京：外文出版社，2022.

[67] 徐志良.中国"新东部"——海陆区划统筹构想［M］.北京：海洋出版社，2008.

[68] 杨光斌.习近平的国家治理现代化思想：中国文明基体论的延续［M］.北京：中国社会科学出版社，2015.

[69] 杨国桢.海洋丝绸之路与海洋文化研究［J］.学术研究，2015（2）：92-95；2.

[70] 杨金森.海洋强国兴衰史略［M］.北京：海洋出版社，2014.

[71] 殷克东，方胜民.海洋强国指标体系［M］.北京：经济科学出版社，2008.

[72] 袁红英.海洋生态文明建设研究［M］.济南：山东人民出版社，2014.

[73] 袁于飞.海洋生态文明建设总体实施方案公布［N］.光明日报，2015-07-21（6）.

[74] 张开城.比较视野中的中华海洋文化［J］.中国海洋大学学报（社会科学版），2016（1）：30-36.

[75] 张诗雨，张勇.海上新丝路［M］.北京：中国发展出版社，2014.

[76] 张纾舒.中国海洋文化研究历程回顾与展望［J］.中国海洋大学学报（社会科学版），2016（4）：32-41.

[77] 赵江林.21世纪海上丝绸之路：目标构想、实施基础与对策研究［M］.北京：社会科学文献出版社，2015.

［78］ 郑苗壮，刘岩. 关于建立海洋生态文明制度体系的若干思考［J］. 环境
与可持续发展，2016，41（5）：76-80.

［79］ 朱建君. 海洋文化的生态转向与话语表达［J］. 太平洋学报，2016
（10）：80-91.

［80］ 朱淑华. 浙江沿海地区推进海洋生态文明教育方略研究［J］. 浙江海洋
学院学报（人文科学版），2015，32（1）：57-60.

［81］ 朱雄，曲金良. 我国海洋生态文明建设内涵与现状研究［J］. 山东行政
学院学报，2017（3）：84-89.

索引